FORSCHUNGSBERICHTE DES LANDES NORDRHEIN-WESTFALEN

Nr. 2398

Herausgegeben im Auftrage des Ministerpräsidenten Heinz Kühn
vom Minister für Wissenschaft und Forschung Johannes Rau

Dr.-Ing. Eginhard Barz
Ing. (grad.) Helmut Breier

Institut für Werkzeugforschung Remscheid
im Auftrage des Vereins zur Förderung von Forschungs- und
Entwicklungsarbeiten in der Werkzeugindustrie e.V. Remscheid

Beitrag zur Ermittlung gesetzmäßiger Zusammenhänge zwischen der Schneidengeometrie von Trenn- und Schlitzwerkzeugen für nichtmetallische Werkstoffe und der Antriebsleistung

Westdeutscher Verlag 1974

ISBN 978-3-531-02398-4   ISBN 978-3-322-88280-6 (eBook)
DOI 10.1007/978-3-322-88280-6

Inhaltsverzeichnis

1. Einleitung

Eines der am häufigsten verwendeten Arbeitsverfahren in der
Holzindustrie ist das Sägen von Holz und Holzwerkstoffen mit
Kreissägen. Neben einem möglichst geringen Schnittverlust und
geringer Schnittflächenrauhtiefe strebt man eine hohe Aus-
bringung bei vergleichsweise kleinem Energiebedarf an. Ähnliche Forderungen werden auch an Schlitzwerkzeuge gestellt.

Die zur Zeit gebräuchlichen Trenn- und Schlitzwerkzeuge
lassen eine große Vielfalt hinsichtlich der Zahnteilung und
Zahnausführung oft auch bei den für den gleichen Verwendungs-
zweck bestimmten gleichartigen Werkzeugen erkennen, die unter
verschiedenen Schnittbedingungen eingesetzt werden.

Bei Herstellern und Verbrauchern von Holzbearbeitungswerk-
zeugen bestehen unterschiedliche zum Teil widersprüchliche
Ansichten und Erfahrungen über die Auswirkung der Schneidengeometrie, der Schnittbedingungen, der technologischen Eigenschaften von Hölzern und Holzwerkstoffen auf deren Zerspanbarkeit und den Werkzeugverschleiß sowie nicht zuletzt auf die
Antriebsleistung. Die Gründe liegen offenbar in der mangelnden
Kenntnis der Praxis über den Stand der Technik des In- und
Auslandes, ferner in den noch vorhandenen wissenschaftlichen
Erkenntnislücken über den komplexen Zerspanungsvorgang, der
vermutlich wegen des großen Aufwandes für die Untersuchungen
von einzelnen einschlägigen Instituten bisher nicht auf breiter
Basis behandelt wurde und ohne weitgehende Unterstützung der
holzverarbeitenden Industrie auch nicht in dem notwendigen
Umfang bei dem heterogenen Werkstoff Holz im Gegensatz zu den
Metallen untersucht werden kann.

Die Vielfalt der Werkzeugausführungen, teilweise sogar für
gleichen Bedarfsfall, führen in der Praxis zu Schwierigkeiten
und somit zur Erhöhung der Kosten, sowohl bei der Werkzeug-
herstellung als auch bei dem Werkzeugeinsatz und der Instandhaltung.

Einen Beitrag zur Behebung dieser Schwierigkeiten stellt vorliegender Bericht dar. Dieser enthält u.a. Ergebnisse eines
Kurzprüfverfahrens, das fallweise in der Praxis eingesetzt
werden kann, um fehlende Daten schnell und einfach zu ermitteln.

2. Stand der Technik

Das Fachschrifttum, vor allem des letzten Jahrzehnts, behandelt eine Fülle von der mit der Zerspanung von Holz und Holzwerkstoffen zusammenhängenden Einzelproblemen, ohne daß die bisher gewonnenen Erkenntnisse aus den genannten Gründen in genügendem Maße wirtschaftlich genutzt wurden.

Bei dem Versuch, das Schrifttum auszuwerten mit dem Ziel, für die verschiedenen Holzarten und Holzwerkstoffe Richtwerte für optimale Zerspanung aufzustellen, ergeben sich erhebliche Schwierigkeiten. Einerseits sind die Versuchsbedingungen in den verschiedenen Berichten nicht genau genug beschrieben, andererseits gelten sie nur für die untersuchten Sonderfälle, z.B. für bestimmtes Schnittgut, für bestimmte Schärfe und Schneidengeometrie sowie Werkstoffe der Schneiden. Das Fehlen von Angaben über den Anfangsschärfezustand der Schneiden stellt die Aussagekraft der Ergebnisse in Frage. Da in den meisten Untersuchungen der genaue Verlauf der Schnittkraft während eines oder mehrerer Schneideneingriffe bei nicht definiertem, vermutlich sehr scharfem Schneidenzustand ermittelt wurde, lassen sich solche Ergebnisse für den weit größeren Bereich der Arbeitsschärfe nicht verallgemeinern.

Vielfach wurde der Verlauf der Schnittkraft unter Benutzung von Pendel-Dynamometern ermittelt. Es wurde bisher jedoch nicht untersucht, ob, bzw. inwieweit die damit bei vergleichsweise sehr niedriger, nicht gleichbleibender Schnittgeschwindigkeit gewonnenen Ergebnisse auf Original-Sägeblätter übertragbar sind.

Vorstehende Gründe sind offenbar eine Erklärung dafür, daß bisher eine Merkmals- und Datensammlung für optimale Zerspanung nicht aufgestellt wurde und eine Umsetzung der verschiedenen Ergebnisse in die Praxis nicht in dem wünschenswerten Umfang möglich war. Hinzukommt, daß über die zerspanungstechnologischen Eigenschaften der verschiedenen Holzarten, insbesondere der exotischen, zu wenig bekannt ist.

Wegen der Problematik des Zerspanungsvorganges befaßt sich das Centre Technique Forestier Tropical, Paris, seit vielen Jahren mit der Zerspanbarkeit und dem Verschleißverhalten von exotischen Hölzern. Nach Untersuchung von A. Chardin (1,2) unterscheiden sich die Verschleißwirkungen von technologisch unterschiedlichen Holzarten um mehrere Größenordnungen. Wie ferner aus der Praxis bekannt ist, ergaben sich beispielsweise bei dem Auftrennen im Längsschnitt von Eiche aus der Eifel und aus Frankreich Unterschiede der Standzeit von Kreissägen desselben Herstellers und gleicher Schneidengeometrie, sowie aus gleichem Werkstoff, im Verhältnis 1:5.

Die Ergebnisse von Chardin und die Erfahrungen der Praxis wurden durch Reihenuntersuchungen von Barz und Breier (3) bestätigt und die Erkenntnisse erweitert. Letztere untersuchten

etwa 20 verschiedene, vorzugsweise exotische Holzarten in
Bezug auf deren Verschleißwirkungen bei einer Schnittgeschwindigkeit von 48 m/s und einer Mittenspanungsdicke von
0,1 mm. Sie ermittelten die Standvorschubwege bis zum Erreichen eines als Verschleißkriterium gewählten Schneidenversatzes von 0,1 mm und ordneten den Standvorschubwegen,
die den Standschnittwegen proportional sind, Standwegfak-
toren zu.

Ferner registrierten sie die Schnittkraft und die Verän-
derungen der Verschleißformen. Bei der Bearbeitung von
stark abrasivem Schnittgut ergaben sich wesentlich andere
Verschleißformen und Oberflächen der Schneiden (glatte,
verrundete Schneiden) als bei der Bearbeitung von wenig
abrasivem Schnittgut (schartige Schneiden mit Kolkbildung
und Selbstschärfeffekt). Dementsprechend wurde auch ein
grundsätzlich unterschiedlicher Verlauf der Schnittkraftzunahme festgestellt. Im ersten Fall nimmt die Schnittkraft
degressiv zu, im logarithmischen Maßstab linear (Abb. 1),
ähnlich wie bei der Metallzerspanung; einem Schneidenversatz von 0,1 mm entspricht eine Schnittkraftzunahme um etwa
100 %. Im zweiten Fall bleibt die Schnittkraft für einen
vergleichsweise großen Vorschubweg annähernd konstant
(Abb. 2). Nach den Untersuchungsergebnissen lassen sich
somit im Hinblick auf die zerspanungstechnologischen Eigenschaften zwei charakteristische Holzgruppen unterscheiden,
für die nicht die gleichen Zerspanungsgesetze im Hinblick
auf die Verschleißform und Zunahme der Verschleißgröße sowie
auf die Schnittkraft gelten.

Das unterschiedliche Zerspanungsverhalten und die verschiedenen Auswirkungen sind wahrscheinlich der Grund, warum
Pahlitzsch und Sandvoß (4) im Gegensatz zu Prokes (5,6),
Zajcev und Smolin (7), Olszewski (8) und Cukanow (9) dem
Schneidenversatz und der Schnittkraft als Verschleißkriterium
bei unterschiedlichen Frei- und Spanwinkeln kritisch gegen-
überstehen.

Wegen der mannigfaltigen Einflußgrößen bei der Zerspanung
und der dadurch bedingten großen Streuung der Meßwerte läßt
sich der genaue Verlauf der Schnittkraft während eines
Schneideneingriffes nur unter der Voraussetzung bestimmen,
daß jeweils möglichst viele Einflüsse (Werkzeug, Schnittbedingungen, Schnittgut) konstant gehalten werden. Die Ergebnisse gelten dann selbstverständlich nur für die betreffenden Voraussetzungen, die in der Praxis bezüglich des Schnitt-
guts fast nie vorliegen. Ihr Wert liegt im wesentlichen in
der Aufzeichnung von Tendenzen der verschiedenen Einflußgrößen und in der Gewinnung von grundsätzlichen Erkenntnis-
sen. Es fehlen aber umfangreiche Reihenuntersuchungen, um
die zerspanungstechnischen Charakteristika und Tendenzen
bei den einzelnen Schnittgutarten unter Berücksichtigung
deren Heterogenität zu erfassen. Für die Praxis erscheint es
zweckdienlicher zu sein, summarische Ergebnisse zu erhalten

und gegebenenfalls einen großen, vorzugsweise durch das
Schnittgut bedingten Streubereich in Kauf zu nehmen, als
den genauen Verlauf der Schnittkraft über dem Eingriffs-
weg zu ermitteln, der jeweils nur für einen Sonderfall an-
wendbar ist.

Über den Einfluß der Schneidengeometrie von Fräswerkzeugen
auf die Standzeit führte Prokes (5, 6) umfangreiche Untersuchungen durch, deren Ergebnisse im Vergleich zu anderen
Untersuchungen, insbesondere im Hinblick auf deren Umsetzung
in die Praxis, von Bedeutung sind. Prokes zerspante Buchenholz (Feuchte u = 12...15 %) mit einschneidigen Fräsern aus
Werkzeugstahl bei einer Schnittgeschwindigkeit von v = 33,2
m/s im Gegenlauf parallel zur Faser. Die Eingriffstiefe betrug 3 mm. Als Verschleißkriterien wählte er den mittleren
und maximalen Schneidenversatz sowie die mittlere und maximale Abriebbreite. Die Werte dieser Kenngrößen ermittelte
er im scharfen Zustand der Schneide und nach einem Vorschubweg von 200, 600, 1200 und 2000 m.

Optimale Werte für geringstmöglichen Verschleiß fand Prokes
bei Freiwinkeln von 14...15° und Spanwinkeln von 20°. Bei
größerem Freiwinkel und Spanwinkel tritt größerer Verschleiß
infolge des kleineren Keilwinkels ein. Mit kleineren Freiwinkeln und Spanwinkeln sind stärkere Reibung und Erwärmung
der Schneide und damit ebenfalls eine erhöhte Abnutzung ver-
bunden.

Die Folgerungen aus den Ergebnissen von Prokes stimmen gut
mit denen von Kivimaa (10) überein, der den Einfluß des Spanwinkels auf die Schnittkraft bei der Zerspanung von Birke
untersuchte. Beide Autoren geben an, daß die Arbeitsschärfe
bei der Zerspanung der untersuchten Holzarten nach einer Ein-
griffslänge bzw. einem Schnittweg (Summe der Eingriffswege,
d.h. der im Holz von der Schneide zurückgelegten Wege) von
300 m erreicht wird, bei Prokes einem Vorschubweg von 22 m
entsprechend.

Prokes hält allerdings Angaben innerhalb dieser ersten Ab-
stumpfungsphase (Anfangsschärfe, giftige Schneide) noch für
unzuverlässig, da die Abstumpfung noch nicht genügend stabi-
lisiert ist.

Über den Vorschubweg bis zum Anfang und bis zum Ende der
Arbeitsschärfe findet man in der Literatur recht unterschiedliche Angaben, wie aus Tabelle 1 hervorgeht.

Die unterschiedlichen Angaben (5, 9, 11, 12) erklären sich
einerseits durch die unzureichende Beschreibung der Versuchs-
parameter, andererseits durch die Nichtberücksichtigung der
Verschleißwirkungen der zerspanten Schnittgutarten.

Chardin (13) sowie Barz und Breier (3) wiesen nach, daß der
Vorschub- bzw. Schnittweg für den Bereich der Anfangsschärfe
10...20 % von dem der Arbeitsschärfe beträgt (Abb. 2).

Weitere Untersuchungen führte Prokes mit einschneidigen

Fräsern durch, die mit Hartmetall bestückt waren. Bei der
Zerspanung von Buche, Span- und Hartfaserplatten fand Prokes
ähnliche Zusammenhänge zwischen der Schneidengeometrie und
der Abstumpfung, abgesehen von der absoluten Größe. Maximale
Standzeit wurde sowohl bei Buche als auch bei Hartfaser-
und Spanplatten bei $\alpha = 10^o$ und $\gamma = 10^o$ ($\beta = 70^o$) erreicht.
Bei einer Verringerung des Keilwinkels von 70° auf 50°
nimmt die Abstumpfung um 50 % zu. Im Hinblick auf den vergleichsweise großen Schnittwiderstand (Vorschubkraft) bei
$\gamma = 10^o$ ist bei Handvorschub eine Vergrößerung von γ auf
20° zu empfehlen.

Nach der Literatur und eigenen Untersuchungen ergab sich,
daß sich jeder Zahnform, Zahnteilung und Schnittgeschwindigkeit ein Bereich günstigster Schnittbedingungen zuordnen
läßt (14,15,16,17). In dem nachfolgenden Bericht sollen im
wesentlichen die Einflüsse der verschiedensten Schneidengeo-
metrien und unterschiedlichen Zahnvorschübe sowie Schnittgeschwindigkeiten auf das Schnittkraftverhalten von Kreissägen
untersucht werden. Dabei ist von großer Bedeutung, daß bei
dieser Untersuchung als Schnittgut neben einheimischen Holzarten im wesentlichen ausländische, insbesondere exotische
Hölzer eingesetzt wurden.

3. Versuchsmaschine

Zur systematischen und gezielten Durchführung dieser
wegen der großen Variationsmöglichkeiten umfangreichen Ver-
suchsreihen wurde einerseits eine Kurzzeit-Prüfmaschine
eingesetzt, andererseits ein Hauptversuchsstand, die beide
im Rahmen anderer von Barz und Breier (3) und Barz und
Höptner (18) im Institut für Werkzeugforschung, Remscheid,
durchgeführten Forschungsaufgaben entwickelt wurden.

Die Kurzzeit-Prüfmaschine arbeitet nach dem Prinzip der
Drehmomentenwaage (Abb. 3). Zu diesem Zweck wurde der Stator
eines Gleichstrommotors 1 mit Nebenschlußcharakteristik
drehbar gelagert. Zur Ermittlung der Vorschubkraft wurde
dieser Motor auf einer pendelnd-gelagerten Schwinge befestigt,
deren Bewegung in Vorschubrichtung in Abhängigkeit von den
unterschiedlichen Vorschubkräften erfolgte. Die Gegendreh-
momente, bzw. die Gegenkräfte wurden durch Meßbügel aufge-
bracht, deren der Schnittkraft bzw. der Vorschubkraft pro-
portionale Durchbiegung mechanisch entweder auf 2 Zeiger-
instrumente übertragen wurden oder mit Hilfe von Dehnmeß-
streifen in elektrische Werte umgewandelt auf einem Schleifen-
Oszillographen sichtbar gemacht wurden.

Die Motordrehzahl ist bis zu 4.500 U/min, die Vorschubge-
schwindigkeit im Bereich 0,1 - 25 m/min regelbar. Somit ist
es möglich, bei verschiedenen Zähnezahlen (z = 1 bis vollge-
zahntes Sägeblatt) und Schnittgeschwindigkeiten (bis 80 m/s)
die Mittenspanungsdicken auf in der Praxis übliche Werte
einzustellen.

Bei den eingesetzten Holzarten und einschneidigen Werkzeugen
lag die Schnittkraft zwischen 140 und 400 p. Etwa die gleiche
Größenordnung erreichten die Vorschubkräfte beim Längsschnitt
im Gegenlauf. Unter Berücksichtigung der Meßgenauigkeit von
$\pm$ 20 p ergibt sich im ungünstigsten Falle (einzahniges Werkzeug, Schnittbreite 3 mm) je nach Größe der Schnittkraft ein
Fehler von $\pm$ 5 % bis $\pm$ 12 %, im günstigsten Falle (mehrzahni-
ges Werkzeug) ein Fehler unter $\pm$ 1 %, da das Drehmoment um etwa
eine Größenordnung höher liegt als bei einzahnigen Werkzeugen.
Bei einer Vergrößerung der Schnittbreite verringert sich der
Fehler ebenfalls.

Der Hauptversuchsstand (Abb. 4) enthält im wesentlichen die
stufenlos drehzahlregelbare Arbeitswelle (500...10.000 U/min)
und den in der Höhe verstellbaren Tisch. Die Arbeitswelle
besteht aus 2 durch einen Torsionsstab verbundenen Teilen
mit je einem Polrand. Bei auftretenden Drehmomenten entstehen
zwischen beiden Polrä dern Winkelverschiebungen, die in 2
fest angeordneten induktiven Gebern den Drehmomenten propor-
tionale elektrische Phasenverschiebungen hervorrufen. Diese
werden an einem elektronischen Meßgerät angezeigt oder können
mit üblichen Geräten registriert werden.

Auf der hydraulischen zwischen 0,1...30 m/min stufenlos regel-
baren Vorschubeinrichtung kann Schnittgut bis zur Länge von
2 m aufgespannt werden.

Während die Kurzzeit-Prüfmaschine sich besonders für Wenig-
zahn-Werkzeuge und geringe Schnittleistung eignet, wird der
Hauptversuchsstand für Sägeblätter mit üblicher Zähnezahl,
die größere Vorschubwege erfordern, vorteilhafter eingesetzt.

4. Versuchsbedingungen

Für die Versuche wurden technologisch und zerspanungstechnisch
unterschiedliche Schnittgutarten beschafft. In Tabelle 2 sind
Rohdichte und Feuchte von 15 Naturhölzern und 2 Schichthölzern
zusammengestellt.

Tabelle 3 enthält die wesentlichen Daten der Werkzeuge
(Schneidengeometrie und Schneidenwerkstoff, Zähnezahl, Flug-
kreisdurchmesser), die unter verschiedenen in Tabelle 4
aufgeführten Schnittbedingungen eingesetzt wurden.

5. Versuchsdurchführung

Da in Vorversuchen die Übertragbarkeit von mit Einzelzähnen
gewonnenen Ergebnissen auf flatterfrei arbeitende Original-
kreissägen festgestellt worden war, kamen für die Hauptunter-
suchungen wegen der benötigten großen Zahl von Schneiden mit

veränderter Schneidengeometrie im wesentlichen Stahlscheiben
mit 1, 2 und 4 Zähnen, vorzugsweise aus Hartmetall, in Frage,
um möglichst viele Hölzer und Holzwerkstoffe mit Schneiden
gleichbleibender Arbeitsschärfe zu zerspanen.

5.1 Versuchswerkzeug

Die Schneiden wurden so geschliffen und abgezogen, daß bei
20-facher Vergrößerung keine Scharten mehr zu erkennen
waren, d.h. die Rauhtiefe war kleiner als 5 µm.

Um die Untersuchungen nicht in dem unsicheren Bereich der
Anfangsschärfe zu fahren (vgl. Tab. 1) wurden die geschärf-
ten Schneiden unter Berücksichtigung der in anderen Versuchen
festgestellten Verschleißwirkungen geringfügig abgestumpft
bis die sogenannte Arbeitsschärfe, Schneidenradius ca. 20 µm,
erreicht war.

Zusätzlich wurde die Schärfe am Anfang und Ende eines jeden
Versuches mittels einer Schärfe-Prüfschablone (Abb. 5) er-
mittelt, um etwaige Abstumpfungserscheinungen festzustellen,
durch die das Schnittergebnis beeinträchtigt worden wäre.
Die mit der Schablone ermittelte Schärfe lag am Anfang der
Versuche bei 0,01 mm. Dieser Schneidenzustand entspricht
dem der in der Industrie üblichen Arbeitsschärfe der Sägezähne.
Der Zahnseitenüberstand betrug bei allen Schneiden 0,5 mm.
Dieses Maß entspricht der Norm für geschränkte Sägeblätter
gleichen Durchmessers.

5.2 Schnittgut

Alle Holzwerkstoffe waren für die Versuche auf dem Kurzzeit-
Prüfstand auf die erforderlichen Maße (Länge 500 mm,
Breite 150 mm und Höhe 25 mm) abgerichtet worden. Dies war
aus versuchstechnischen Gründen notwendig, da das Vorschub-
element nur eine Aufnahmelänge von 500 mm aufwies und der
maximale Durchgang für das Schnittgut durch den Niederhalter
auf 27 mm beschränkt war.

Im Schrifttum findet man verschiedentlich die Auffassung
vertreten, daß der Einfluß der Feuchtigkeit auf die Schnittkraft je nach Holzart entgegengesetzt sein kann. Über die
Wirkung des Feuchtigkeitsgehaltes führten Noguchi, Sugihara
und Matsuyoshi (19,20) Untersuchungen durch. Sie fanden u.a.,
daß der Energieverbrauch mit zunehmender Feuchtigkeit in dem
Bereich ofentrocken bis lufttrocken (je nach Holzart 12...23%)
zunächst sehr stark steigt und bei weiterer Feuchtigkeitszu-
nahme praktisch konstant bleibt. Daher wurde in dieser Arbeit
nur Schnittgut eingesetzt, dessen Feuchtigkeitsgehalt gleich
groß und auch annähernd konstant gehalten wurde. Dieser betrug 10...12 % und wurde mit einer Darrwaage ermittelt. Da
bekanntlich die Faserrichtung des Holzes auf die Schnittergeb-
nisse einen Einfluß hat, wurden Hölzer mit einem möglichst
gleichmäßigen Faserverlauf verwendet.

5.3 Meßverfahren für Schnittkraft und Schnittgüte

Die Werte der Schnittkräfte bzw. der Drehmomente wurden
mittels eines Lichtstrahloszillographen auf Oszilloscript-
papier fotografisch festgehalten. Hierdurch wurde eine genaue Auswertung der Schriebe ermöglicht. Um subjektive
Fehler beim Ermitteln der Schriebhöhe zu vermeiden, wurden
von jedem Schrieb aus 10 Meßpunkten das arithmetische Mittel
gebildet und mit dem jeweiligen Eichfaktor des zugehörigen
Meßbereiches der Meßbrücke multipliziert, um dann den end-
gültigen Wert für die Schnittkräfte bzw. für die Drehmomente
zu erhalten.

Die Prüfung der Schnittgüte ist bei dem heterogenen Werkstoff
Holz im Vergleich zu metallischen Oberflächen ein Problem.
Die Oberflächengestalt von Schnittflächen bei Holz und Holzwerkstoffen hängt einerseits von den betreffenden Werkzeugen
und Schnittbedingungen, andererseits aber auch von der Struktur des betreffenden Schnittgutes ab. Während die Rauhtiefe
mit tastenden Meßgeräten oder mit optischen Oberflächenpro-
filmeßgeräten ermittelt werden kann, wird die durch Fasern
hervorgerufene Rauheit bzw. Glätte bisher in der Praxis nur
mit den Fingerspitzen abgefühlt oder nach Augenschein beurteilt.

Die Verfasser sind zu der Erkenntnis gekommen, daß die Oberflächengüte in der Mehrzahl der Fälle nach zwei verschiedenen Gesichtspunkten (Rauhtiefe und Faserigkeit) geprüft bzw.
beurteilt werden sollten. Hierfür wurden zwei Prüfgeräte
eingesetzt.

1. Graphotest-Rauhtiefenmeßgerät (Abb. 3, Teilansicht)

Mit diesem wird die Holzoberfläche mit einer besonders ge-
formten Tastspitze (Abb. 6) bei einem Tastdruck je nach
Festigkeit des Holzes von etwa 3...50 p abgetastet und die
Rauhtiefe registriert. Dieses Gerät wurde am Vorschubtisch
der Kurzzeit-Prüfmaschine angebracht. Die Messung erfolgt
beim Rücklauf des Vorschubtisches, dessen Geschwindigkeit
im Mittel 0,7 m/min einer durch ein einschneidiges Werkzeug
erzeugten Mittenspanungsdicke von $h_M = 0,1$ mm entsprechend
beträgt. Die Rauhtiefen wurden mit 40-facher Vergrößerung
registriert.

2. Rauheitsprüfgerät

Dieses von Barz (22) entwickelte abfühlende Prüfgerät
(Abb. 7) spricht nur auf die Rauheit, d.h. also auf die
Faserigkeit der Holzoberfläche an, nicht aber auf Poren
oder auf evtl. Welligkeiten. Das Meßprinzip beruht darauf,
daß ein bürstenartiger, flacher Prüfkörper mit einer Fläche
von ca. 8 cm^2 unter seinem Eigengewicht (ca. 10 g) auf der
zu prüfenden Oberfläche aufliegt und die Kraft (nach dem
Prinzip der Federwaage) gemessen wird, die zur Überwindung
der Reibung beim Bewegen des Prüfkörpers aus seiner Ruhe-
lage benötigt wird. Das Prüfgerät liefert reproduzierbare
Zahlen für die Faserigkeit der Schnittfläche.

Mit Hilfe der beiden Geräte ist es möglich, zwei verschiedene Eigenschaften der Holzoberflächen getrennt zu bestimmen und diese z.B. nach Punkten zu bewerten.

Alle bei den Versuchen ermittelten Schnittkraftwerte und Drehmomente sind integrierte Werte, die über den zeitlichen Verlauf der Schnittkraft während eines einzelnen Eingriffs infolge der Trägheit des verwendeten Meßverfahrens nichts aussagen. Theoretisch sind die Kräfte während eines Schnittvorganges nicht gleich groß, da sich beim Vorschub Späne ergeben, deren Dicke von 0 bis zu einem Größtwert zunimmt. Diese Tatsache ist aber für die Aussagefähigkeit der Ergebnisse ohne Einfluß, da es hier in erster Linie auf Tendenzen des Schnittkraftverlaufs ankommt und weniger auf die absoluten Werte. Außerdem ist aus der Literatur hinreichend bekannt, in welcher Weise sich die Schnittkräfte während eines Eingriffs verändern.

6. Versuchsergebnisse

6.1 Einfluß des Freiwinkels auf die Schnittkraft

Bei allen Zerspanungs- und Trennvorgängen spielen die Winkel am Schneidkeil eine besondere Rolle. Die Änderung eines Winkels beeinflußt allgemein auch die Größe eines anderen. Der Einfluß dieser Winkel auf das Schnittergebnis ist bei einigen Holzarten bereits untersucht worden (15,16,17,18,21). Als Ergänzung wurde der Einfluß des Freiwinkels α auf die Schnittkraft F_S bei einer Reihe verschiedener Naturhölzer, insbesondere auch bei exotischen ermittelt (Abb. 8). Alle Kurven haben im Bereich zwischen $\alpha = 15$ bis $\alpha = 20^O$ ein schwach ausgeprägtes Minimum. Der Anstieg der Kräfte und somit der Leistung erfolgt zu kleineren Winkeln hin steiler als zu größeren. Von diesem Gesichtspunkt aus sollten in der Praxis keine kleineren Freiwinkel als $\alpha = 15^O$ verwendet werden.

Zu beachten ist hier jedoch, daß eine Vergrößerung des Freiwinkels bei konstantem Spanwinkel zu einer Schwächung des Keilwinkels β führt. Die Folge davon ist, daß der Schneidenversatz bei Schneiden mit kleinem Keilwinkel bis zum Erreichen des Standzeitendes größer ist als bei größerem Keilwinkel. Dennoch kann die Standzeit im ersten Fall größer sein als im zweiten. Es ist eine Frage, ob der Gewinn an Standzeit zwischen 2 Schärfungen wirtschaftlicher ist als die Verringerung der Zahl möglicher Nachschärfungen. Als Kompromiß ist ein Freiwinkel von 10° zu empfehlen. Der Spanwinkel ($\gamma = 20^O$) wurde bei dieser Versuchsreihe konstant gehalten, d.h. daß bei einer Änderung des Freiwinkels α sich auch jeweils der Keilwinkel β ändert.

6.2 Einfluß des Spanwinkels auf die Schnittkraft

Über den Einfluß des Spanwinkels γ auf die Schnittkraft
F_S gibt Abb. 9 Aufschluß. Mit steigendem Spanwinkel fallen
die Schnittkräfte stark degressiv, um nach dem Minimum
$\gamma = 20^O$ wieder progressiv anzusteigen. Ein größerer Spanwinkel erleichtert das Fließen des Spanes. Durch einen zu
großen Spanwinkel verliert die Schneide jedoch ihre Wider-
standsfähigkeit. An der Schneide können sich infolge Abstumpfung dann sogar negative Spanwinkel bilden. Aus diesen
Gründen sollte der Spanwinkel bei den Werkzeugen für Längsschnitt bei etwa 20° liegen. Negative Spanwinkel und folg-
lich größere Keilwinkel können in Sonderfällen durchaus von
Bedeutung sein, so z.B. bei starker Erwärmung des Zahnes,
weil Schneiden mit größerem Keilwinkel die Wärme besser ab-
führen. Hartmetallbestückte Zähne werden wegen ihrer großen
Empfindlichkeit gegenüber Biegebeanspruchungen zum Teil mit
negativem Phasenwinkel der Schneide oder negativem Spanwinkel hergestellt. Dabei steigen die Schnittkraft und der
Leistungsaufwand, wie aus Abb. 9 ersichtlich ist.

Das Ansteigen der Schnittkräfte bei Spanwinkeln, die kleiner
als $\gamma = 20^O$ sind, erklärt sich aus der höheren Spanverfor-
mungsarbeit. In diesem Fall wird der Span nicht so stark
gekrümmt, sondern gestaucht und gebrochen.

6.3 Einfluß des Anschrägwinkels der Freifläche auf
die Schnittkraft

Der Einfluß des Anschrägwinkels der Freifläche α_z ist
aus Abb. 10 ersichtlich. Bei etwa 15° haben die Kurven
ein schwach ausgeprägtes Minimum und steigen nach beiden
Seiten leicht progressiv an. Dieser Minimalwert entspricht
auch den Empfehlungen der sonstigen Literatur (23,24).
Außerdem wurde von Lotte und Keller (25) festgestellt, daß
bei einem Anschrägwinkel dieser Größenordnung eine Verbesserung der Oberflächengüte zu verzeichnen sei. Obwohl
dieser Winkel α_z nicht von so großer Bedeutung für die
Schnittverhältnisse ist wie z.B. der Span- und der Keilwinkel, so wird er in der Praxis doch mehr und mehr ange-
wandt.

6.4 Einfluß des Anschrägwinkels der Spanfläche auf
die Schnittkraft

Die Kurven der Schnittkraft in Abhängigkeit vom Anschrägwinkel der Spanfläche γ_y weisen eine mit zunehmendem γ_y
etwa linear schwach abfallende Tendenz auf (Abb. 11).
Diese Tendenz zeigte sich eindeutig bei allen untersuchten
Hölzern.

6.5 Einfluß der Anschrägwinkel auf den Schneidenverschleiß

Da das Verschleißverhalten der Schneide für die Wirtschaftlichkeit des Zerspanens maßgeblich ist, wurde auch der Einfluß der Anschrägwinkel der Frei- sowie der Spanfläche auf den Schneidenversatz S_V festgestellt. Letzterer wurde parallel zur Spanfläche mittels eines Werkstattmikroskopes mit Projektionseinrichtung auf 0,01 mm genau ausgemessen. Die Vergrößerung betrug hierbei 20:1.

Um ein möglichst repräsentatives Ergebnis zu erreichen, wurden die Werte des Schneidenversatzes S_V nach verschiedenen Vorschubwegen (0,5, 1,0 und 1,5 m) aufgezeichnet (Abb. 12). Die linear steigende Tendenz blieb in allen Fällen erhalten. Der Anstieg bei den Anschrägwinkeln der Freifläche war in allen Bereichen größer als der bei den Anschrägwinkeln der Spanfläche. Die größere Abstumpfung bei größeren Anschrägwinkeln läßt sich durch die dabei stärkere Schwächung der Schneidkeile erklären. Als Versuchsholz wurde bei dieser Untersuchung Abura, eine relativ abrasive Holzart, verwendet (mittlerer Standwegfaktor 12, (3)).

6.6 Einfluß des Zahnvorschubes auf die Schnittkraft und die Schnittgüte

Der Verlauf der Schnittkraft in Abhängigkeit vom Zahnvorschub ist für 5 verschiedene Holzarten in Abb. 13 dargestellt. Alle Kurven zeigen etwa die gleiche Tendenz. Die Schnittkraft steigt zuerst degressiv, dann progressiv mit dem Zahnvorschub. Die Ursache für den bei kleinen Zahnvorschüben degressiven Anstieg der Schnittkraftkurven kann in dem im Vergleich zu den Schnittkräften großen Anteil der Reibungskomponente liegen. Der progressive Anstieg der Kurven setzt bei allen untersuchten Holzarten stets bei einem Zahnvorschub von etwa 0,5 mm ein und ist durch den höheren Energieaufwand für das Trennen und Verformen der Späne bei größerem Zahnvorschub bedingt.

Abb. 14 stellt die Abhängigkeit der Schnittflächenrauhtiefe vom Zahnvorschub dar. Bei der Auswertung der Versuche wurde ein Streubereich von etwa 25 % festgestellt. Dies ist jedoch für einen heterogenen Werkstoff wie Holz nicht viel. In diesem Bereich waren die Ergebnisse jedoch reproduzierbar. Wie aus der Darstellung zu erkennen ist, steigen die Kurven der Rauhtiefe mit wachsendem Zahnvorschub zunächst degressiv an, verlaufen dann flacher, um schließlich sehr stark progressiv anzusteigen.

Barz und Höptner (18) stellten mit vollgezahnten Sägeblättern gleiche Kurvenverläufe der Rauhtiefe fest, sie verwendeten Kreissägeblätter (400 x 30 x 2 mm) mit 40, 60 und 80 Zähnen bei Schnittgeschwindigkeiten von 40, 60 und 80 m/s.

Der Kurvenverlauf zeigt eine ähnliche Tendenz wie bei dem
Einfluß des Zahnvorschubes auf die Schnittkraft (Abb. 13).

Es wurde beobachtet, daß die Säge in dem Bereich mit geringer Steigung der Rauhtiefenkurve (s_z = 0,2 mm bis
s_z = 0,5 mm) am besten schneidet. In diesem Bereich waren
auch die meisten Schälspäne im Spangut zu finden. Diese
deuten auf annähernd optimale Schnittbedingungen hin im
Gegensatz zu den unter anderen Bedingungen entstehenden
Reiß- und Schabespänen.

Im Hinblick auf die Oberflächengüte sollte in keinem
Falle mit einem größeren Zahnvorschub als 0,6 mm gear-
beitet werden, da bei größeren Werten sich die Rauhtiefe
sehr schnell vergrößert.

6.7 Einfluß von Gleich- und Gegenlauf auf die Schnittkraft

Für die Versuche wurden ein Nutfräser mit auswechselbaren
Zähnen, verschiedene Schlitzscheiben sowie ein Kreissäge-
blatt mit 60 Zähnen auf der Kurzzeit-Prüfmaschine und auf
dem Hauptversuchsstand bei Längsschnitt von Buchenholz
(Brettstärke 50 mm), Makore-Naturholz (25 mm) und Fichtenspanplatten (20 mm) eingesetzt (Tab. 3 und 4).

Bei Schlitzscheiben oder Kreissägeblättern wurden die
Schnittgeschwindigkeit (v = 50 m/s) und die Mittenspanungsdicke (0,1 mm) annähernd konstant gehalten. Bei Vollhölzern und einwandfreiem Lauf, d.h. ohne Seitenschlag
bzw. ohne Flatterschwingungen, betrug die Schnittkraftzunahme von Gegenlauf auf Gleichlauf 20 - 50 %, im Mittel
30 %. Treten bei Kreissägeblättern jedoch Flattererscheinungen auf, so steigen nach bisherigen Versuchen die
Schnittkräfte bei gleichzeitiger Vergrößerung der Schnitt-
fugenbreite und des Verschleißes sowie Verschlechterung
der Schnittgüte. Es wurde mehrfach beobachtet, daß die
Neigung zum Flattern bei Gegenlauf größer ist als bei
Gleichlauf. Bei dem Trennen von Vollhölzern mit flatterfrei
laufenden Kreissägeblättern sollte dem Gegenlauf im Hinblick auf die geringen Schnittkräfte und die damit in
Zusammenhang stehende niedere Schneidentemperatur der Vor-
zug gegeben werden.

Bei der Zerspanung von Fichtenspanplatten und Buchenschicht-
platten konnten jedoch keine statistisch gesicherten Unterschiede der Schnittkraft zwischen Gleich- und Gegenlauf
festgestellt werden. Diese Feststellung deckt sich mit der
von Pahlitzsch und Jostmeier (26).

6.8 Einfluß der Faserrichtung auf die Schnittkraft

Über den Einfluß der Faserrichtung, insbesondere beim
Trennen mit Kreissägen, fehlen im Schrifttum repräsentative Aussagen. Die Untersuchungen von Brüne (27) ergaben
beim Hobeln mit einem gradlinig bewegten Messer längs der

Faser höhere Schnittkräfte als beim Zerspanen quer zur
Faser. Beim Kreissägen führten eigene Untersuchungen
zu anderen Ergebnissen, die mit denen von Mc Millin, C.W.
und Lubkin, J.L. (28) übereinstimmen.

In Abb. 15 sind die Schnittkräfte in Faserrichtung
(Längsschnitt) mit 100 % bezeichnet und durch eine waage-
rechte Linie dargestellt worden. So läßt sich leicht über-
blicken, in welcher Weise die bezogenen Quer- bzw. Hirn-
schnittkräfte von den Längsschnittkräften abweichen. Bei
allen untersuchten Holzarten waren die Schnittkräfte beim
Trennen quer zur Faser kleiner als in Faserrichtung. Sie
betrugen im Durchschnitt 50 bis 70 % von denen der Längs-
schnittkräfte; beim Hirnschnitt lagen die Schnittkräfte
25 bis 90 % über denen bei Längsschnitt. Die Hirnschnitt-
kräfte können sogar die dreifachen Werte der Querschnitt-
kräfte erreichen. Dies wurde besonders bei Sipo, Meranti
und Parana pine beobachtet.

6.9 Einfluß der Schnittgeschwindigkeit auf den Verschleiß und die Schneidentemperatur

Wenn man annimmt, daß der Verschleiß bei der Holzbearbeitung
vorwiegend mechanischer Natur ist, dann müßten sich die
Standzeiten umgekehrt wie die auftretenden Schnittkräfte
verhalten. In diesem Falle müßten die größten Standlängen
bei sonst konstanten Schnittbedingungen bei einer Schnittgeschwindigkeit von v = 40 m/s erzielt werden, da nach
Prokes (6) und eigenen Versuchen hier ein Minimum der
Schnittkräfte auftritt.

Die von der Metallzerspanung her bekannten Standzeit-
Schnittbedingungs-Beziehungen und die Untersuchungen
Pahlitzsch und Sandvoß (4) besagen dagegen, daß der Stand-
weg mit zunehmender Schnittgeschwindigkeit degressiv abfällt.
Um diesen Widerspruch zu klären, wurde die Schnittgeschwin-
digkeit in den Bereichen von 10 bis 50 m/s variiert. Als
Versuchsschnittgut wurden Kaya, Makore und Abura zerspant.
Nachdem ein Schneidenversatz S_V = 0,1 mm erreicht war,
wurde der Vorschubweg, der dem Standweg bzw. der Standzeit
proportional ist, über der Schnittgeschwindigkeit aufge-
tragen. So ergab sich der in Abb. 16 gezeigte Verlauf der
Kurven. Er ähnelt dem hyperbolischen Verlauf, der von der
Metallzerspanung her bekannt ist. Somit ist bewiesen, daß
die Werkzeugschneiden bei der Zerspanung von stark abra-
siven Holzarten den gleichen Gesetzmäßgkeiten unterliegen
wie bei der Metallbearbeitung.

Nach Untersuchungen von Pahlitzsch und Jostmeier (26)
liegt die Schneidentemperatur bei Schnittgeschwindigkeiten
von 40 m/s zwischen 60...100° und steigt bei höherer
Schnittgeschwindigkeit weiter degressiv an.

Wie Barz (29 und 30) nachwies, führen Temperaturerhöhungen
in der Zahnzone um 40...60° C bereits zu Flattererscheinungen

mit Seitenschlag-Amplituden der Sägeblätter von mehreren
Millimetern, so daß Brandflecken in der Schnittfuge und
auf dem Sägeblatt bzw. Rißbildungen auftreten. Die Folge
sind u.a. größere Schnittkräfte und stärkerer Verschleiß.

6.10 Aschegehalt und Verschleißwirkung

Um die Beziehungen zwischen dem Aschegehalt und der Verschleißwirkung von Holzwerkstoffen zu ermitteln, wurden
typische Holzarten bzw. Holzwerkstoffe verascht. Es ergab
sich jedoch kein einwandfreier Zusammenhang. So lag z.B.
der prozentuale Aschegehalt von Abachi-Spanplatte und
Schichtholzplatte, ferner Makore und Meranti und schließlich Red Pine, Siam Jang und Abura jeweils in der gleichen
Größenordnung. Dagegen unterscheiden sich um etwa 2 Größenordnungen die in einer anderen Untersuchung ermittelten
Verschleißwirkungen von Abura im Vergleich zur Spanplatte,
von Makore im Vergleich zu Meranti sowie Red Pine im Vergleich zu Siam Jang bzw. Abura. Aufgrund der Aschegehalt-
bestimmung kann also nicht mit Sicherheit auf die Verschleißwirkung geschlossen werden.

Weitere Untersuchungen des Aschegehaltes in Bezug auf ver-
schleißfördernde Bestandteile wurden nicht für sinnvoll
gehalten, da hierfür umfangreiche aufwendige Ermittlungen
der Beziehungen zwischen den technologischen Eigenschaften
des unterschiedlichen Verschleißkornes zur Verschleißwirkung erforderlich wären und die Übertragbarkeit auf
bezüglich Struktur unbekanntes Schnittgut mehr als fraglich
erscheint.

7. Folgerungen für die Praxis

1. Um beim Längsschnitt von Holz und Holzwerkstoffen, wie
    er in diesen Versuchen durchgeführt wurde, die Schnitt-
    kräfte möglichst gering zu halten, sollten die Winkel
    am Schneidkeil in den folgenden Bereichen liegen.

1.1. Ein deutlich ausgeprägtes Minimum der Schnittkräfte
     ist bei einem Spanwinkel von annähernd $\gamma = 20°$ zu er-
     kennen. Dies trifft auch bei Werkstoffen mit stark
     unterschiedlichen Materialkenngrößen (spez. Gewicht,
     Abriebsfestigkeit, lang- oder kurzfaserig) zu. Hier
     kann jedoch die Zunahme der Schnittkraft bei einem
     wesentlichen Abweichen von $\gamma = 20°$ verschieden steil
     erfolgen.

1.2. Wird der Anschrägwinkel der Spanfläche, der sogenannte
     Achswinkel, vergrößert, nehmen die Schnittkräfte line-
     ar ab. Bei einer Vergrößerung dieses Winkels von
     O auf 20° jedoch nur um ca. 5 %.

1.3. In Abhängigkeit von der Holzart zeigt die Kurve der
     Schnittkraft bei einem Freiwinkel von α = 15 - 20°
     ein flaches Minimum. Dabei ist zu erkennen, daß der
     linke Ast der Kurve, der den kleineren Freiwinkeln
     entspricht, steiler zum Minimum abfällt als der rechte,
     der den größeren Freiwinkeln entspricht, nach dem
     Minimum wieder ansteigt. Das heißt, wenn aus irgend
     welchen Gründen vom günstigen Freiwinkel ca. 20° abge-
     wichen werden sollte, eine Vergrößerung zu einem ge-
     ringeren Anstieg der Schnittkräfte führt als eine Ver-
     kleinerung dieses Winkels.

1.4. Der Anschrägwinkel der Freifläche sollte bei etwa
     10 - 15°, der Lage des Schnittkraft-Minimums, liegen.
     Dieser Wert entspricht bereits den in der Praxis ver-
     wendeten Winkeln. Ein Über- oder Unterschreiten des
     Winkels führt jeweils zu einer gleich großen Zunahme
     der Schnittkräfte.

2.   Der Verschleiß des Schneidkeiles und somit die Stand-
     zeit des Werkzeuges werden u.a. von den Einsatzbedin-
     gungen und der Schneidengeometrie beeinflußt. Ein in
     Bezug auf den Verschleiß günstiger Schneidenwinkel
     kann jedoch zu einer Zunahme der Schnittkräfte führen.
     Es ist hier abzuwägen, welchem Punkt der Vorzug zu geben
     ist.

2.1. Während der Spanwinkel dem Bearbeitungsfall meistens
     zugeordnet ist, wird der Anschrägwinkel der Spanfläche
     bisher mehr oder weniger willkürlich gewählt. Bei zu-
     nehmendem Anschrägwinkel steigt jedoch der Verschleiß
     linear an.

2.2. Bei einem Größerwerden des Anschrägwinkels der Frei-
     fläche nimmt der Verschleiß ebenfalls linear zu.
     Hier erfolgt jedoch die Zunahme des Verschleißes
     wesentlich rascher als bei einer Veränderung des An-
     schrägwinkels der Spanfläche. Dies wurde bei allen
     Versuchen festgestellt.

2.3. Die Vorschubwege, die zum Erreichen eines als Stand-
     zeitkriterium gewählten Schneidenversatzes von
     S_V = 0,1 mm erforderlich sind oder die diesen propor-
     tionalen Schnittwege, nehmen mit zunehmender Schnitt-
     geschwindigkeit degressiv ab. Bei Schnittgeschwindig-
     keiten in dem Bereich zwischen 30 bis 50 m/s ist
     allerdings nur eine geringe Abnahme der erreichbaren
     Schnittwege festzustellen. Eine Erhöhung der Schnitt-
     geschwindigkeit über 50 m/s bringt eine geringfügige

Verkürzung des Schnittweges, eine Verkleinerung unter
30 m/s jedoch eine größere Verlängerung des Schnittweges mit sich.

3. Zwischen der Schnittkraft F_S und dem Zahnvorschub S_Z
    wurden gesetzmäßige Beziehungen gefunden, die für
    alle untersuchten Holzarten den gleichen Trend zeigten.
    Der Bereich zwischen S_Z = 0,2 mm und S_Z = 0,5 mm
    zeigte den geringsten annähernd linearen Zuwachs der
    Kräfte. Bis zu einem S_Z kleiner als 0,2 mm steigen
    die Schnittkräfte stark degressiv und oberhalb einem
    S_Z = 0,5 mm stark progressiv an.

4. Ein ähnlicher Kurvenverlauf ist bei der Beeinflussung
    der Rauhtiefe R_t durch den Zahnvorschub zu erkennen.
    Bis zu einem S_Z kleiner als 0,1 mm steigt die Rauh-
    tiefe leicht degressiv an, nimmt dann bis zu einem
    S_Z = 0,5 mm nur noch wenig zu um dann stark progressiv
    größer zu werden. In dem von der geringen Rauhtiefe
    begrenzten Bereich von S_Z = 0,1 bis S_Z = 0,5 mm war
    bei den Schnittversuchen auch der von der Zerspanung
    her günstige Schälspan zu erkennen.

5. Bei allen untersuchten Hölzern liegen die Schnittkräfte
    beim Querschnitt niedriger, beim Hirnschnitt höher
    als beim Längsschnitt. Die Veränderungsprozentsätze
    von Querschnittkräften und Hirnschnittkräften im
    Verhältnis zu den Längsschnittkräften unterscheiden
    sich bei den einzelnen Holzarten durch deren Eigen-
    schaften wie Faserlänge, Verhältnis der Festigkeits-
    werte bei Quer- und Längsbeanspruchung, Rohwichte usw..

8. Zusammenfassung

Zur Durchführung vorliegender Arbeit standen ein Kurzzeit-
Prüfstand für Versuche mit einzahnigen Werkzeugen und ein
Hauptversuchsstand für vollgezahnte Werkzeuge, wie sie in
der Praxis eingesetzt werden, zur Verfügung.

Die Prüfstände sind so ausgelegt, daß die Schnittbedingungen
in den in der Praxis vorkommenden Bereichen verändert werden
konnten.

Die Schneiden der eingesetzten Versuchswerkzeuge waren vor
Prüfbeginn soweit abgerundet worden, daß ihr Zustand der
Arbeitsschärfe entsprach.

Da der Verschleißverlauf und die damit verbundene Zunahme
der Schnittkraft in starkem Maße von der Art des Schnittgutes abhängen, ist für die Wahl einer günstigen Schneidengeometrie die Kenntnis der zerspanungstechnologischen Eigenschaften eine der wichtigsten Voraussetzungen.

Nach den Versuchsergebnissen sollten Spanwinkel von 20°
und Freiwinkel von $15 - 20^\circ$ als Optimalwerte für die Zerspanung im Längsschnitt angestrebt werden. Änderungen dieser
Winkel um weniger als 5° sind praktisch bedeutungslos, so
daß die Zahl der in der Praxis verwendeten Zahnausführungen
erheblich verringert werden kann.

Um bei dem heterogenen Werkstoff Holz repräsentative Ergebnisse zu erhalten, wurden die verschiedenen auf das Schnittergebnis sich auswirkenden Einflußfaktoren, wie Gleichge-
wichtsfeuchte, Rohdichte und Faserrichtung, fallweise konstant gehalten. Da dies in der Praxis selten der Fall ist,
sollten bei der Anwendung der Ergebnisse nicht die Größe
der ermittelten Werte, sondern in erster Linie der charakteristische Verlauf der Kurven in Betracht gezogen werden.

Auch wenn in der Praxis andere Bearbeitungsfälle als bei
der vorliegenden Untersuchung auftreten und eine Übertragbarkeit der Ergebnisse nicht ohne weiteres gegeben scheint,
ist es mit Hilfe des Kurzzeit-Prüfverfahrens möglich, auf
einfache Weise für die jeweiligen Gegebenheiten und Erfor-
dernisse geeignete Schneidenformen bzw. Schnittbedingungen
für das betreffende Schnittgut zu ermitteln, um zu einer
Optimierung des Betriebsablaufes zu kommen.

Durch die Anwendung der aufgezeigten optimalen Schneidengeometrie und Schnittbedingungen ergeben sich folgende
wirtschaftliche Vorteile:

Verbesserung der Schnittgüte, Verringerung des Aufwandes
für die Nachbearbeitung der Schnittflächen, Herabsetzung
des Leistungsbedarfes, Steigerung der Schnittleistung bei
stationären Maschinen bzw. Gewichtsverringerung bei trans-
portablen Maschinen, Einsparung von Kosten und Zeit bei
der Fertigung und der Instandhaltung.

9. Literaturverzeichnis

(1) Chardin, A., Feut-on scier tous les bois avec la
      meme denture ?
      Revue Bois et Forets des Tropiques
      33 (Jan-Fev) 41-50 (1954)

(2) Chardin, A., Utilisation du Pendule Dynamometrique
      dans les Recherches sur le Sciage des Bois,
      Revue Bois et Forets des Tropiques
      58 (Mars-Avril) 49-61 (1958)

(3) Barz, E. und Breier, H., Kurzverfahren zur Prüfung
      der Verschleißwirkung und der Zerspanbarkeit von
      Holz und Holzwerkstoffen
      Holz als Roh- und Werkstoff 27 (1969) 4, S. 148-152
      Springer-Verlag, Berlin, Göttingen, Heidelberg

(4) Pahlitzsch, G. und Danvoß, E., Verschleißuntersuchungen
      beim Fräsen von Faserhartplatten
      Holz als Roh- und Werkstoff 28 (1970) 7, S. 245-254
      Springer-Verlag, Berlin, Heidelberg, New York

(5) Prokes, S., Einfluß der Schneidbedingungen auf das
      Standverhalten eines Fräswerkzeuges
      Drevarsky vyskenn (1965) 1, S. 47-57

(6) Prokes, S., Abstumpfungsverhalten der Holzbearbei-
      tungswerkzeuge
      Die Holzbearbeitung 17 (1970) 4, S. 25-29
      A.G.T.-Verlag Georg Thum, Ludwigsburg

(7) Zajcev, I.A. und Smolin, M.D., Über den Verschleiß an
      Kreissägeblättern beim Schneiden von Holzspanplatten
      Derevoobrabatyvajuscaja promyslennost'
      Bd. 11 (1962) 3, S. 10-12, TIB ÜN 69-58

(8) Olszewski, J., Kreissägen mit Sinterkeramik-Schneiden
      für das Sägen von Spanplatten
      Prtsmysl drzewny (Poln.) (1965) 11, S. 410-413
      TIB ÜN 69-70

(9) Cukanow, J.A., Verschleißwiderstand von Kreissägezähnen
      beim Sägen von Spanplatten
      Derev. prom. 11 (1961) 4, S. 13-15

(10) Kivimaa, E., Die Schnittkraft in der Holzbearbeitung
      Diss. Helsinki (1950)

(11) Tufanov, A.G., Über das Schneiden von harten Holz-
      faserplatten mit Kreissägeblättern
      Derev. Prom. (1964) 6, S. 13-14, TIB ÜN 69-58

(12) Kuropjatnik, V.G., Säge mit selbstschärfenden Zähnen
      Derev. prom. (1962) 3, S. 10-12, TIB ÜN 69-58

(13) Chardin, A. und Froidure, J.,L'utilisation des lames
      des scies a dents stellitees
      Bois et Forets des Tropiques (1962) 85, S. 41-54

(14) Bershadskij, A.L., Berechnung der Arbeitsbedingungen
      bei der Zerspanung von Holz
      Derevoob. Prom. 5 (1956) 5, S. 6-10

(15) Cowling, R.L., The Clearance Angel of Circular
      Rip-Saws
      Austr. Timber J., Sydney, April (1965)

(16) Meyer, M., Untersuchungen über die den Zerspanungs-
      vorgang mittels Holz-Kreissägen beeinflussenden Faktoren
      Ausgewählte Arbeiten des Lehrstuhls für Betriebs-
      wissenschaften, TH Dresden 3 (1926) S. 90

(17) Skoglund, C. und Hvamb, G., Der Einfluß der Zahnwinkel
      auf den Kraftverbrauch beim Sägen mit und gegen
      die Faser
      Norsk Träteknisk Inst., Oslo, Meddelesle, 4,März (1953)

(18) Barz, E. und Hoeptner, G., Einfluß von Zahnform und
      Zähnezahl an Kreissägeblättern auf deren Arbeitsver-
      halten
      Holz als Roh- und Werkstoff 24 (1966) 4, S. 144-154
      Springer-Verlag, Berlin, Göttingen, Heidelberg

(19) Noguchi, M., Sugihara, H. und Matsuyshi, R.
      Wood Cutting with a Pendulum Dynamometer (V).
      Wood Research Institute, Kyoto, 34 (1965) S. 45-53

(20) Noguchi, M., Wood Cutting with an Pendulum Dynamometer
      Memoirs of the College of Agriculture, Kyoto University
      Nr. 96 (Wood Science and Technology Series Nr. 1)
      February (1970)

(21) McKenzie, W., Friction Wood Cutting
      Forest Products Journal 11 (1967) S. 38-43

(22) Barz, E. und Stendorf, S.,
      I. Arbeitsverhalten von scheibenförmigen Werkzeugen
      II. Schnittversuche an verleimten Holzwerkstoffen
      Forschungsbericht des Landes NW (Kultusministerium)
      Heft 1164 (1963), Westdeutscher Verlag, Köln/Opladen

(23) Breznjak, Av.M.,und Moen, K., Sawing with Swage Set
      Circular Sawblades with High Bites per Tooth
      Norsk Treteknik Institut, Meddeleise Nr. 38 (1969)

(24) Jones, D.S., A Study of Swage-Set Circular Saws
      Cutting Softwood
      Austral. Timber J., Sydney, 32 (1966) 5, S. 41-44

(25) Lotte, M. und Keller, M., Le scie circulaire. Serv.
      Centr.d'Essais des Bois et Lab. d'Essais de L'Institut
      Nat. du Bois. Broch. Techn. Nr. 8 Paris, Juni (1949)

(26)   Pahlitzsch, G. und Jostmeier, M.
        Untersuchungen beim Fräsen von Spanplatten und
        Schichtstoff-Verbundplatten
        Sonderdrucke Moderne Holzverarbeitung
        1 (1966), H. 3, S. 186-195
                     4, S. 230-235
                     5, S. 310-370
                     6, S. 382-388
                     7, S. 456-460

(27)   Brüne, H., Untersuchungen über den Einfluß der
        Faserrichtung auf die zur Holzbearbeitung er-
        forderliche Zerspanungsarbeit
        Diss. TH Dresden (1930)

(28)   Mc Millin, C.W. und Lubkin, J.L.
        Circular Sawing Experiments on a radial arm saw
        Forest Produkts Journal (Vol.IX No. 10) (1959)
        S. 361-367

(29)   Barz, E., Untersuchung an Kreissägeblättern für Holz,
        Fehler- und Spannungsprüfverfahren
        Forschungsberichte des Wirtschafts- und Verkehrs-
        ministeriums NW, H. 51 (1953)

(30)   Barz, E., Fertigungsverfahren und Spannungsverlauf
         bei Kreissägeblättern für Holz
        Forschungsberichte des Wirtschafts- und Verkehrs-
        ministeriums NW, H. 360 (1957)
        Westdeutscher Verlag, Köln/Opladen

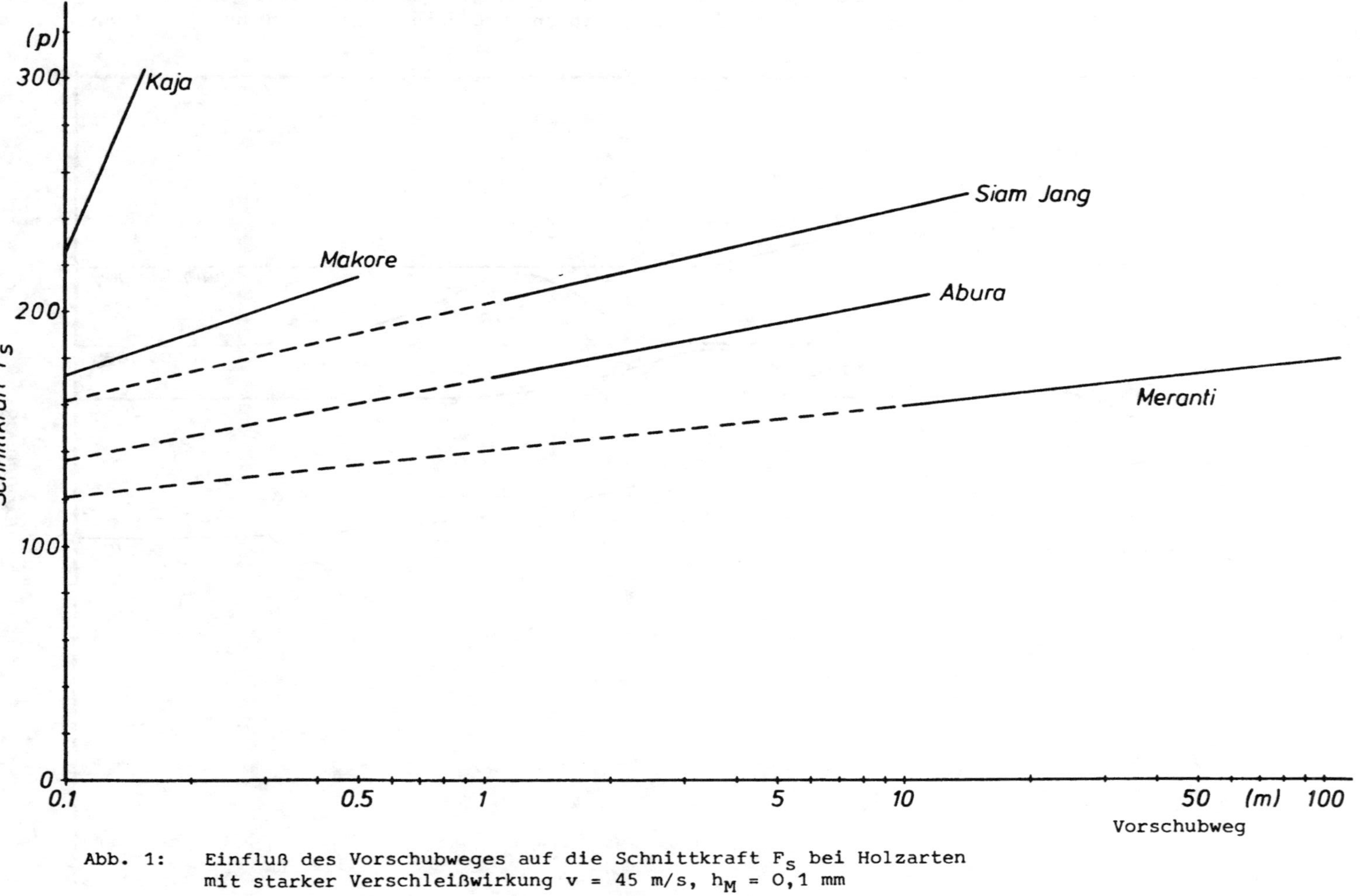

Abb. 1: Einfluß des Vorschubweges auf die Schnittkraft F_S bei Holzarten mit starker Verschleißwirkung v = 45 m/s, h_M = 0,1 mm

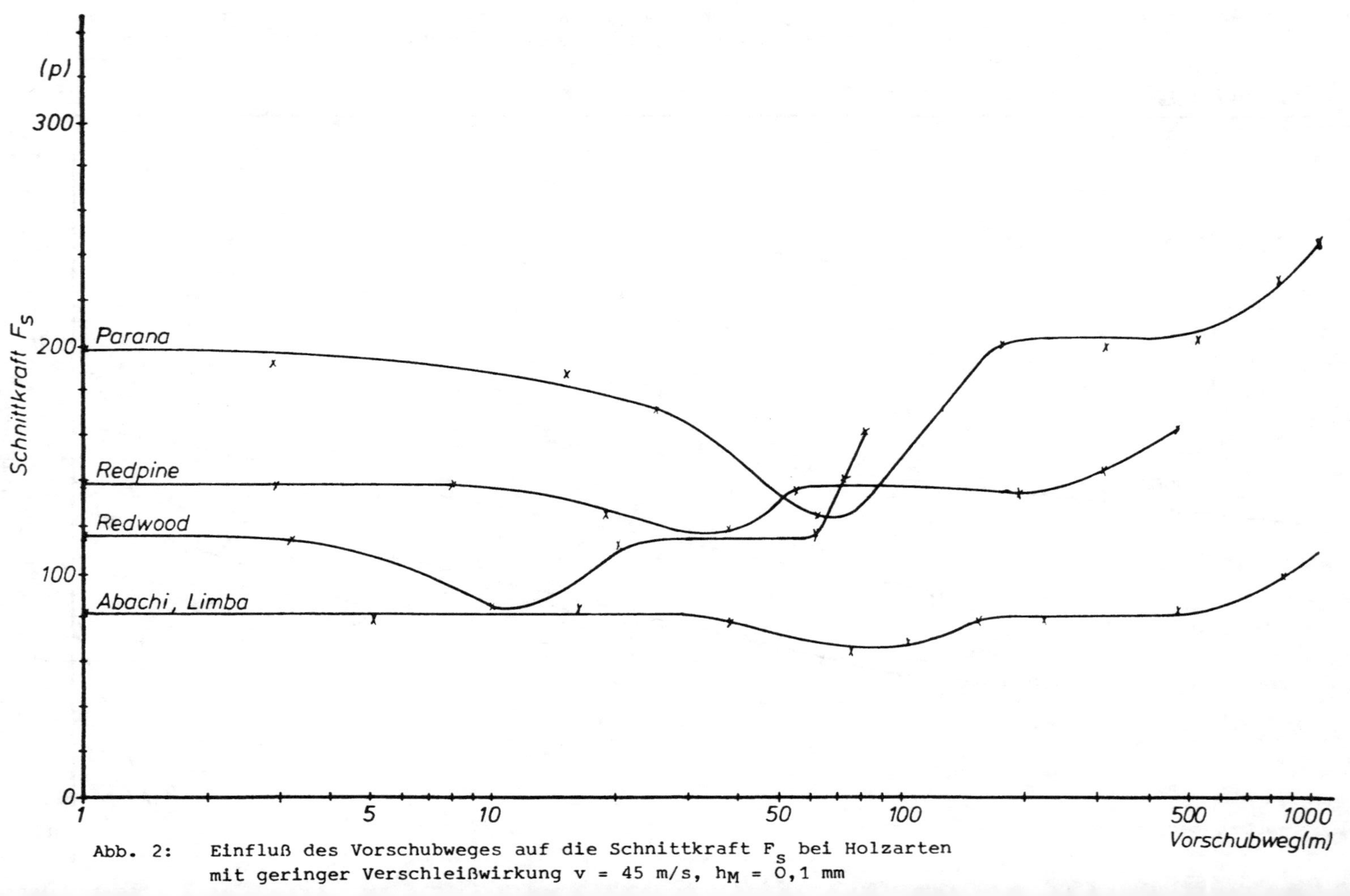

Abb. 2: Einfluß des Vorschubweges auf die Schnittkraft F_s bei Holzarten mit geringer Verschleißwirkung v = 45 m/s, h_M = 0,1 mm

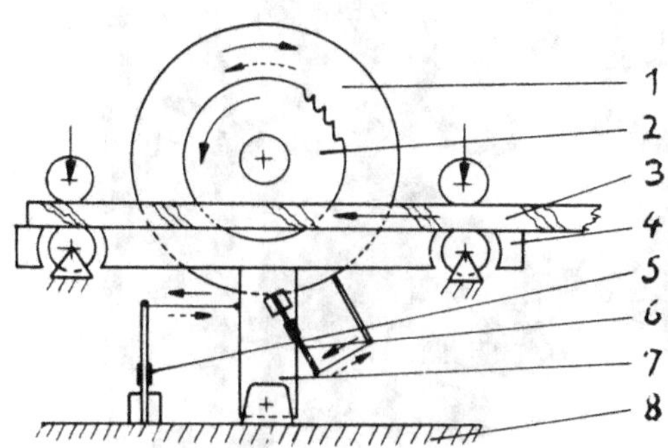

Prinzip der Meßanordnungen

Abb. 3:   Kurzzeit-Prüfmaschine mit Rauhtiefenmeßgerät

1 Motor
2 Werkzeug
3 Werkstück
4 Vorschubtisch
5 Vorschubkraft-Meßbügel
6 Schnittkraft-Meßbügel
7 Schwinge mit Motor
8 Maschinentisch
9 Rauhtiefen-Registriergerät

Abb. 4: Haupt-Versuchsstand

1 höhenverstellbarer Tisch mit Arbeitswelle
2 Vorschubtisch mit hydraulischem Antrieb

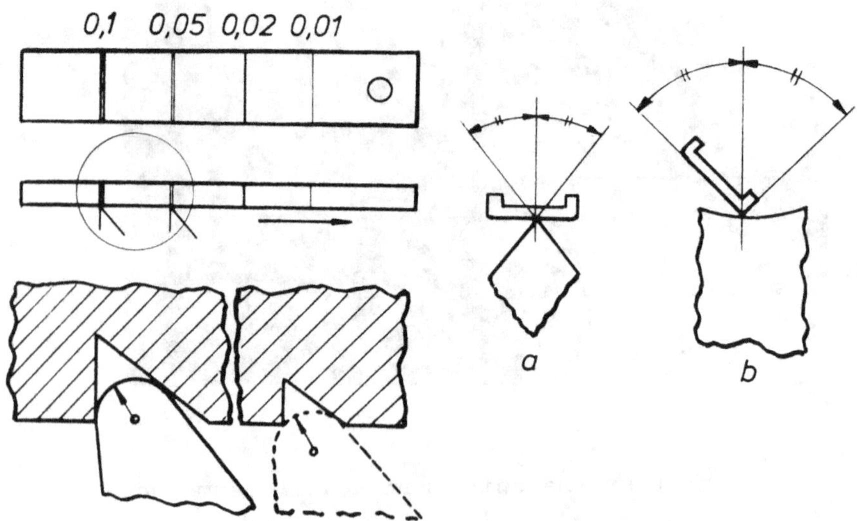

Abb. 5: Schärfe-Prüfschablonen für Holzbearbeitungsschneiden

1 Schneidenradius (r) außerhalb Kerbenebene
2 Schneidenradius in Kerbenebene, Schneide rastet ein

a Prüfung von aus Haupt- und Nebenschneide
gebildeten Spitzen
b Prüfung von geraden, konvexen und konkaven Schneiden

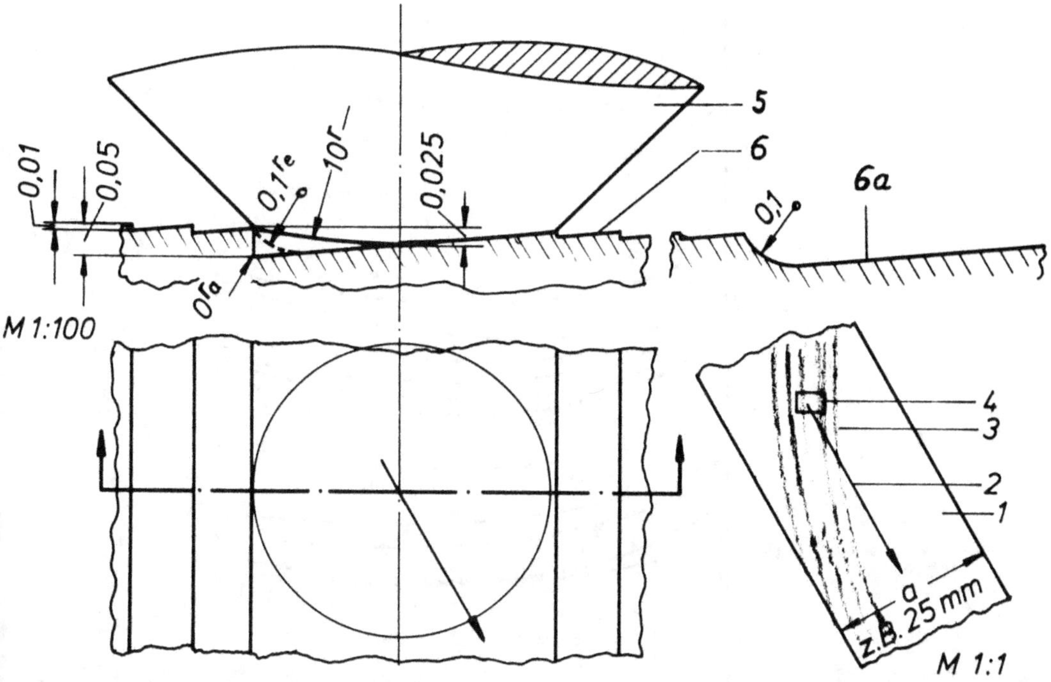

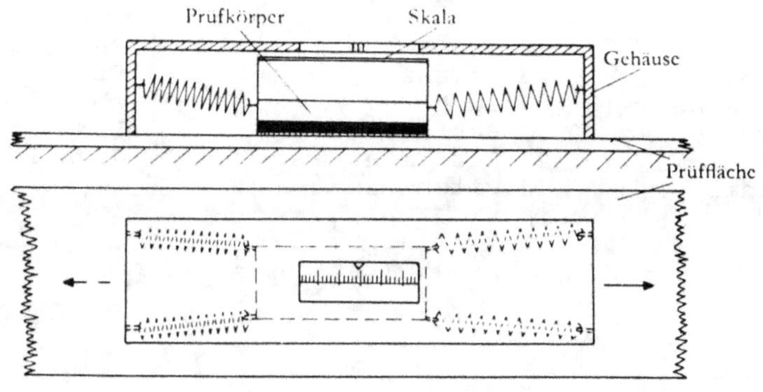

Abb. 6: Tastspitze für Rauhtiefenmessung bei gesägten Holzoberflächen

1 Schnittfläche (M = 1:1), 2 Bewegungsrichtung der Tastspitze, 3 Zahnspuren, 4 Ausschnitt, 5 Tastspitze, 6 Oberflächenprofil bei scharfen Zähnen (r_a = 0), 6a Oberflächenprofil bei stumpfen Zähnen (r_e = 0,1) Seitenschlag bei 6 und 6a 0,01 bzw. 0,1 mm

Abb. 7: Prüfgerät für die Faserigkeit der Schneidfläche

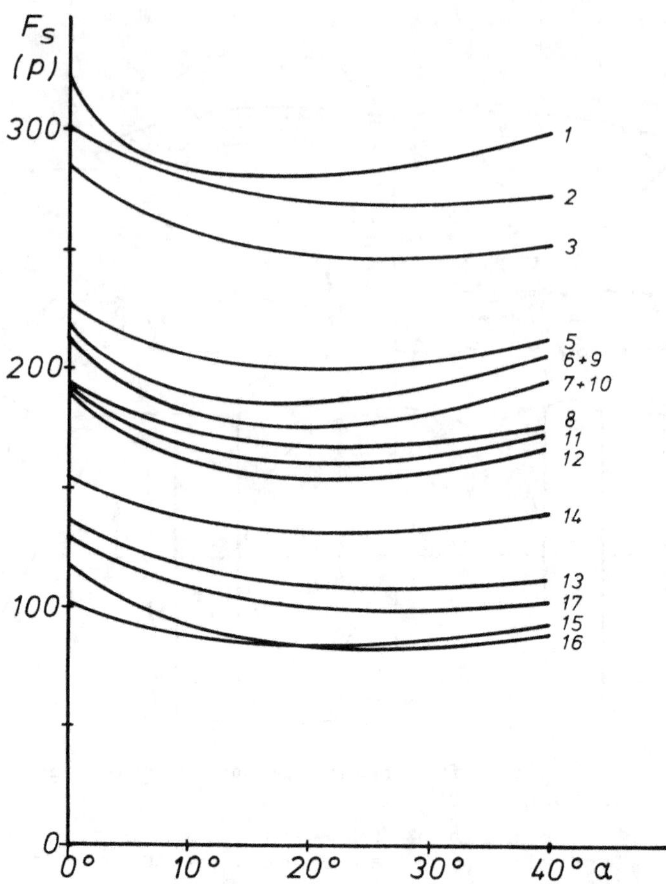

Abb. 8:   Einfluß des Freiwinkels auf die Schnittkraft F_S

1 Kaja	7 Sipo	13 Redwood
2 Bongossi	8 Parana	14 Fichte
3 Siam Jang	9 Buche	15 Abachi
4 Abura	10 Basralokus	16 Limba
5 Makore	11 Red Pine	17 Java Teak
6 Meranti	12 Pitch Pine	

$\gamma = 20°, \quad v = 45 \text{ m/s}, \quad h_M = 0,1 \text{ mm}$

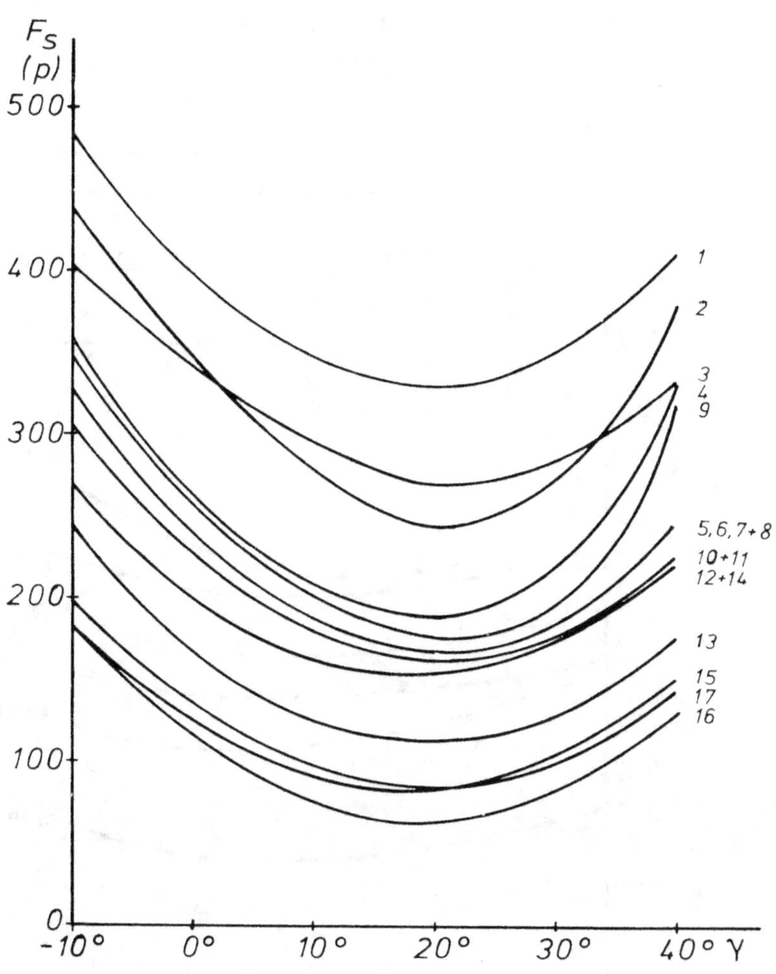

Abb. 9: Einfluß des Spanwinkels auf die Schnittkraft F_S

1 Kaja	7 Sipo	13 Redwood
2 Bongossi	8 Parana	14 Fichte
3 Siam Jang	9 Buche	15 Abachi
4 Abura	10 Basralokus	16 Limba
5 Makore	11 Red Pine	17 Java Teak
6 Meranti	12 Pitch Pine	

$$\alpha = 10°, \quad v = 45 \ m/s, \quad h_M = 0{,}1 \ mm$$

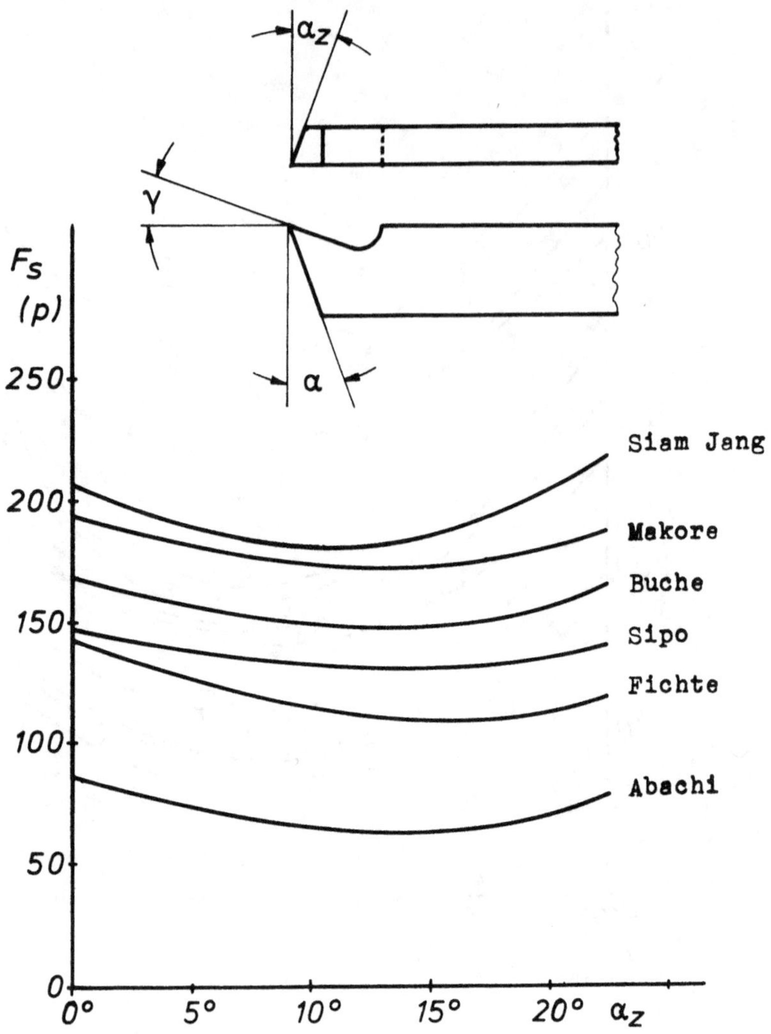

Abb. 10:   Einfluß des Anschrägwinkels der Freifläche α_Z auf die Schnittkraft F_S

$\alpha = 10^\circ$, $\gamma = 20^\circ$, $v = 45$ m/s, $h_M = 0,1$ mm

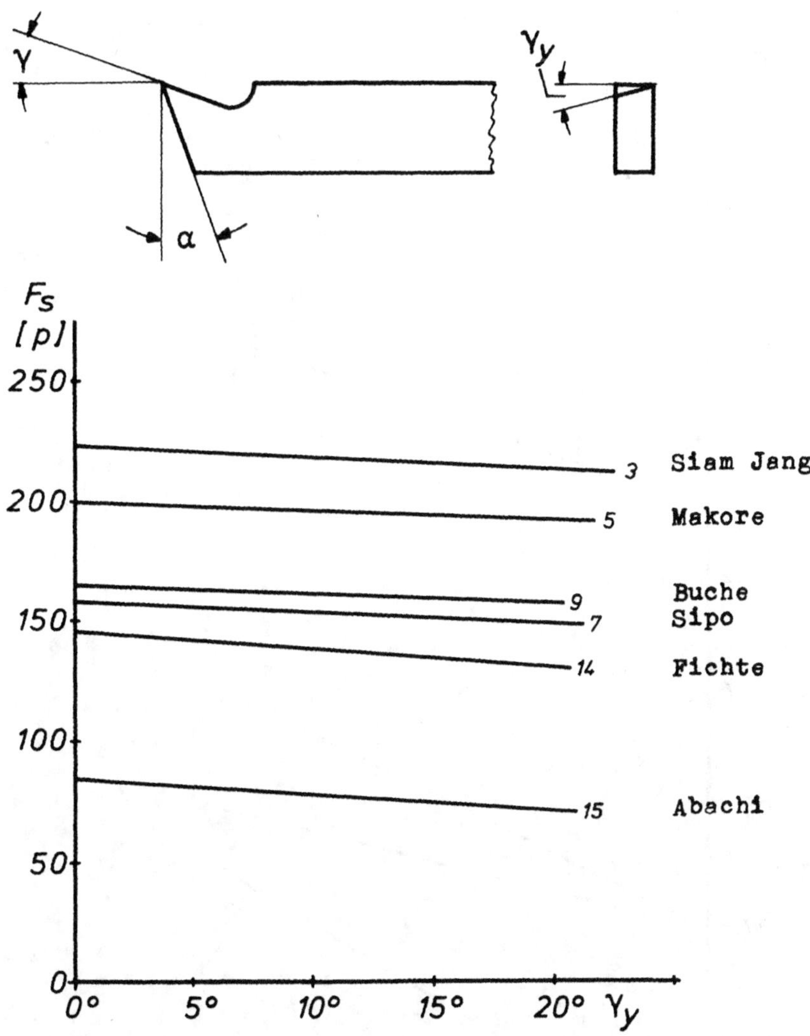

Abb. 11: Einfluß des Anschrägwinkels der Spanfläche
(γ_y) auf die Schnittkraft (F_S)

$\alpha = 10^\circ$, $\gamma = 20^\circ$, $v = 45$ m/s, $h_M = 0,1$ mm

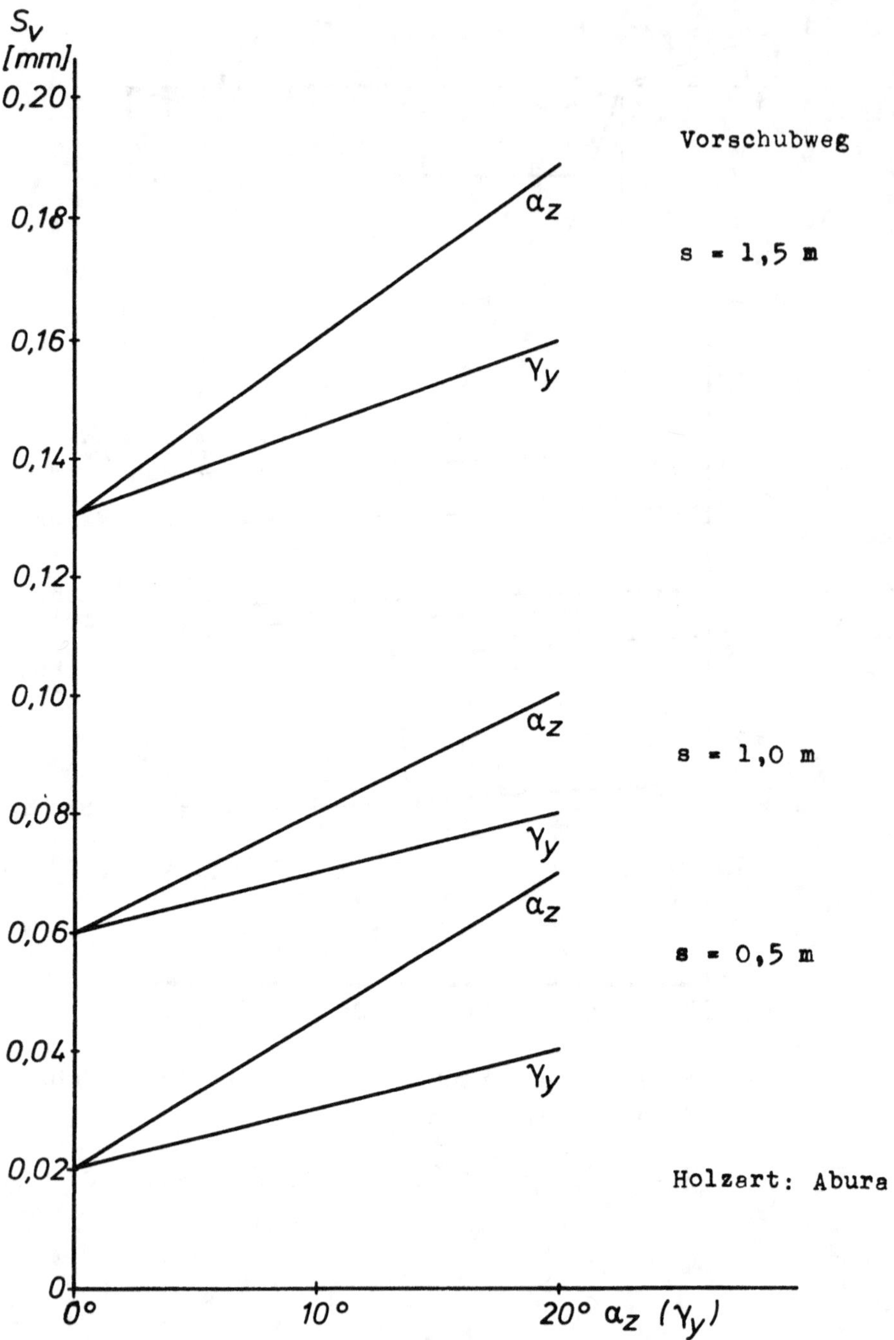

Abb. 12: Einfluß der Anschrägwinkel der Freifläche (α_z) und der Spanfläche (γ_y) auf den Schneidenversatz (S_v)

$\alpha = 10°$, $\gamma = 20°$, $v = 45$ m/s, $h_M = 0,1$ mm

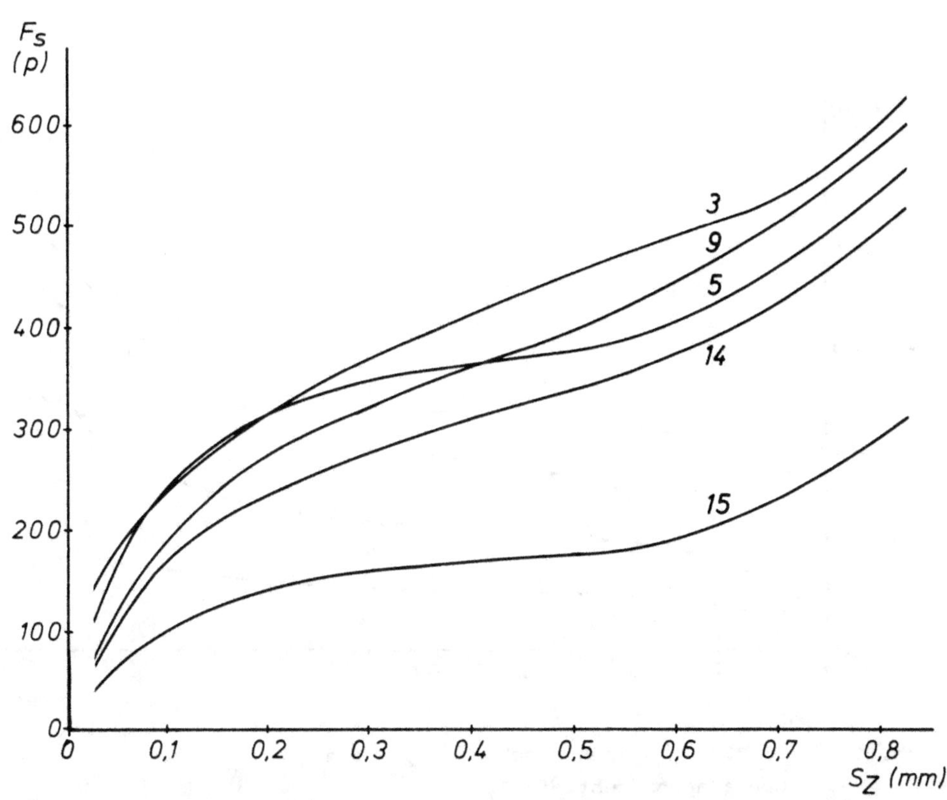

Abb. 13:   Einfluß des Zahnvorschubes (s_z) auf die Schnittkraft (F_S)

Die Zahlen der Kurven entsprechen den Holzarten in Abb. 8

$\alpha = 10^{\circ}$, $\gamma = 20^{\circ}$, $v = 45$ m/s, $h_M = 0,1$ mm

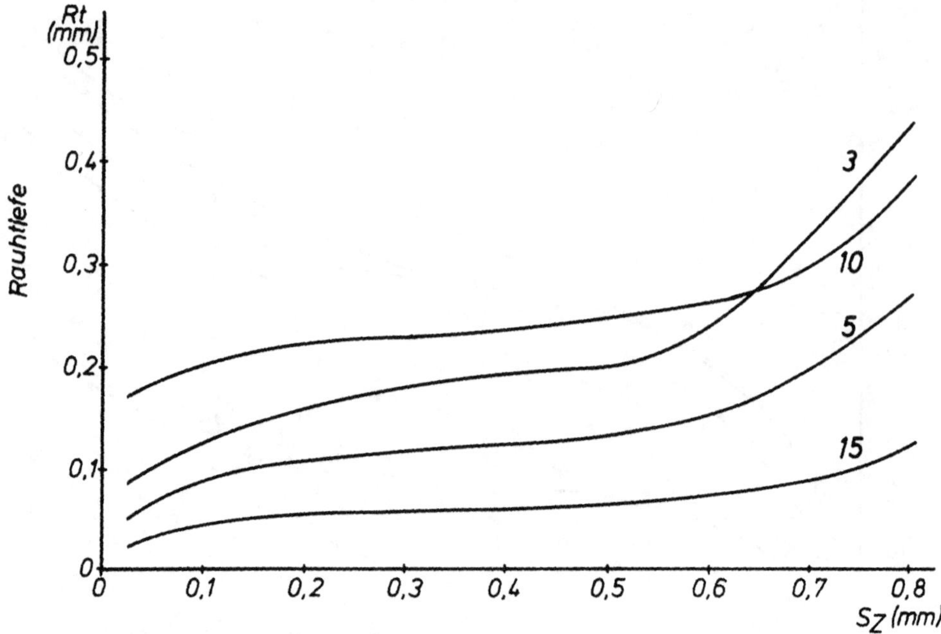

Abb. 14:   Einfluß des Zahnvorschubes s_z auf die Oberflächenrauhtiefe R_t

Die Zahlen der Kurven entsprechen den Holzarten in Abb. 8

$\alpha = 10^{\circ}$, $\gamma = 20^{\circ}$, $v = 45$ m/s, $h_M = 0,1$ mm

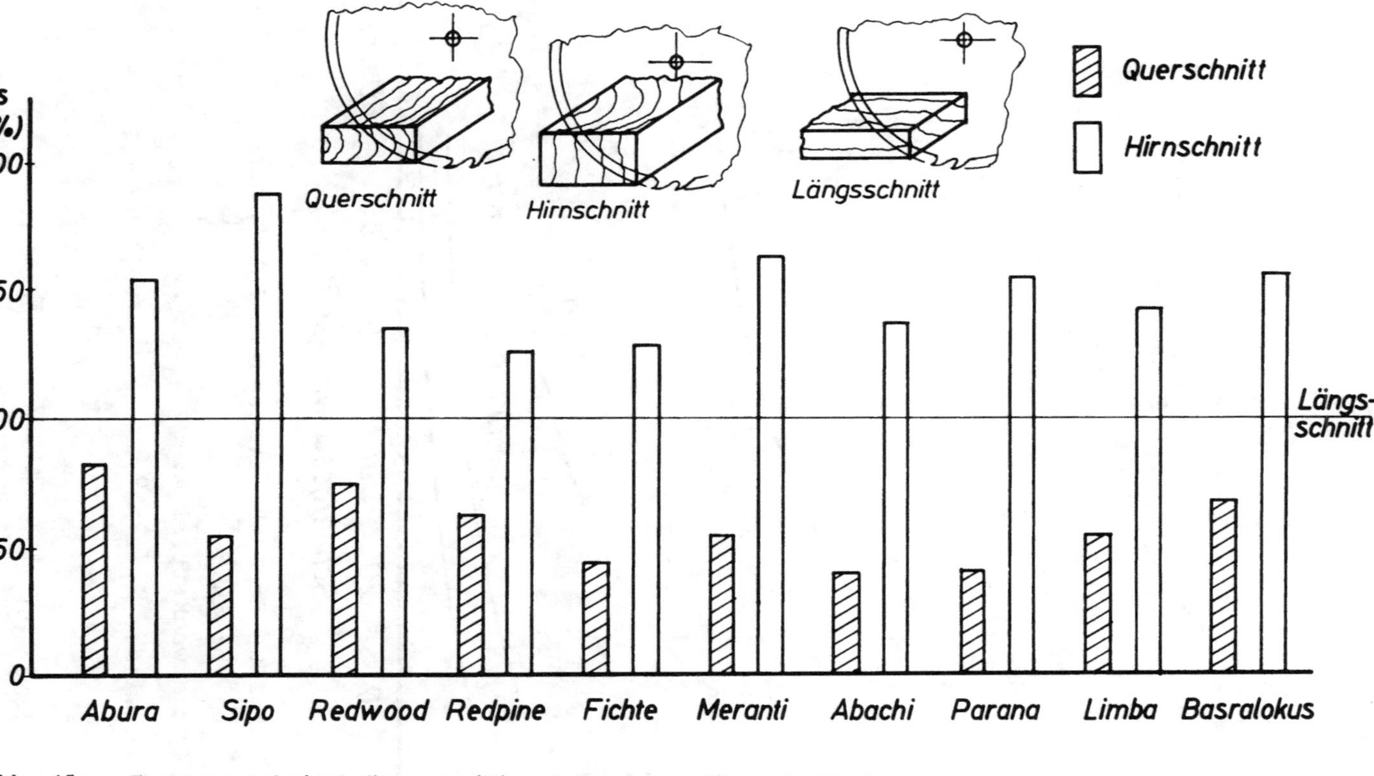

Abb. 15: Bezogene Schnittkräfte F_S (%) bei Quer- und Hirnschnitt im Vergleich zum Längsschnitt (100 %)

$\alpha = 10^o$, $\gamma = 20^o$, $v = 45$ m/s, $h_M = 0,1$ mm

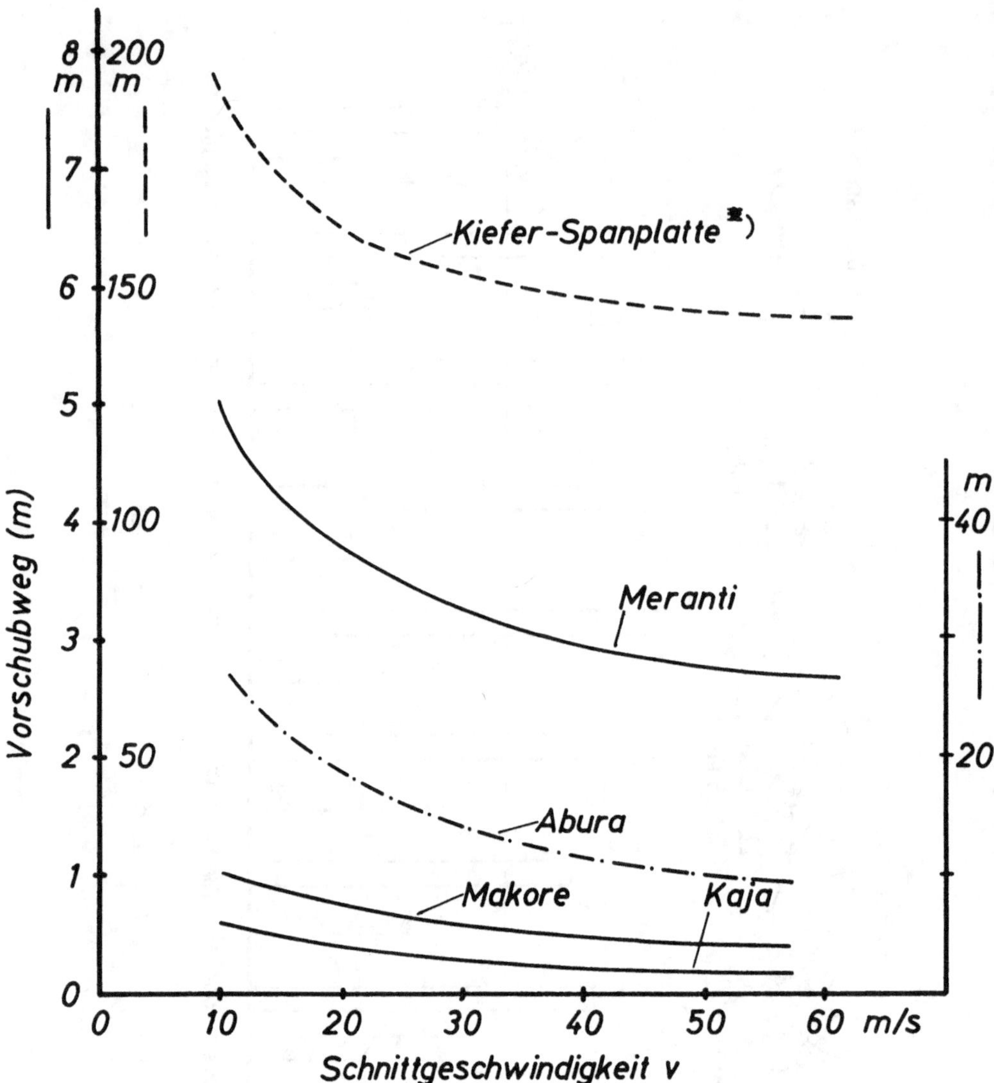

Abb. 16:   Einfluß der Schnittgeschwindigkeit auf
den Vorschubweg.
Standwegkriterium: S_V = 0,1 mm
α = 10°, γ = 20°,   v = 45 m/s, h_M = 0,1 mm

^{x}) (4) h_M = 0,3 mm

Tabelle 1   Bereiche der Arbeitsschärfe

Forscher	Schnittgut	Werkzeug-schneide	nach Vorschub-weg (1fm) von – bis	% [x)]
Zukanow J.A. (1961)	Spanplatte	Werkzeug-stahl (85 HF)	100-200	ca. 50
Zufanov A.G. (1964)	Hartfaser-platte	(85 HF)	200-300	ca. 67
Kuropjatnik W.G. (1962)	Spanplatte	(85 HF)(ge-stauchte Zähne)	10- 90	ca. 11
Prokes S. (1965)	Birke	Werkzeug-stahl	22	–

[x)] Bereich der Anfangsschärfe bezogen auf den Bereich
der Arbeitsschärfe

Tabelle 2   Wichte und Feuchte der eingesetzten Schnittgutarten

Schnittgut	Wichte p. cm^{-3}	Feuchte %
Bongossi	1,020	7,5
Meranti	0,705	8
Siam Jang	0,868	8
Teak	0,810	8
Basralokus	0,805	8,5
Pitch Pine	0,768	8,5
Makore	0,771	7
Schichtholz/Makore	0,665	6,5
Buche	0,635	7
Red Pine	0,615	5,5
Limba	0,613	9
Schichtholz/weiß	0,550	7
Parana	0,510	8
Sipo	0,510	6
Fichte	0,432	6
Rote Zeder	0,425	5,5
Redwood	0,378	6,5

Tabelle 3   Werkzeugdaten für Gleich- und Gegenlauf

Werkzeug	Flugkreis-durchmesser mm	Spanwinkel grd	Frei-winkel grd	Zähne-zahl	Schnitt-beding. (Tab. 4)
Nutfräser	278	26,5	17,5	1 2	2
Schlitz-scheibe	298	20	10	1 2 4	2;3;4;5
Kreissäge-blatt	400	17	34,5	60	1

Tabelle 4   Schnittbedingungen für Gleich- und Gegenlauf
(Werkzeuge s. Tab. 3)

Bedin-gung	Versuchs-maschine	Schnitt-geschw. m/s	Mitten-spanungs-dicke mm	Breite der Schnitt-fuge mm	Überstand ü bzw. Nuttiefe t mm	Schnitt-gut
1	Hauptver-suchsstand	50	0,07	3,6	ü = 20	Buche
2		50	1,02	16	t = 15	50 mm
3		50	0,5	16	t = 15	dick
4		50	0,28	16	t = 19	
5	Kurzzeit-prüfstand	45	0,07	3,3	t = 14,4	Span-platte 25 mm dick

Forschungsberichte
des Landes Nordrhein-Westfalen

Herausgegeben im Auftrage des Ministerpräsidenten Heinz Kühn
vom Minister für Wissenschaft und Forschung Johannes Rau

Sachgruppenverzeichnis

Acetylen · Schweißtechnik
Acetylene · Welding gracitice
Acétylène · Technique du soudage
Acetileno · Técnica de la soldadura
Ацетилен и техника сварки

Arbeitswissenschaft
Labor science
Science du travail
Trabajo científico
Вопросы трудового процесса

Bau · Steine · Erden
Constructure · Construction material ·
Soilresearch
Construction · Matériaux de construction ·
Recherche souterraine
La construcción · Materiales de construcción ·
Reconocimiento del suelo
Строительство и строительные материалы

Bergbau
Mining
Exploitation des mines
Minería
Горное дело

Biologie
Biology
Biologie
Biologia
Биология

Chemie
Chemistry
Chimie
Quimica
Химия

Druck · Farbe · Papier · Photographie
Printing · Color · Paper · Photography
Imprimerie · Couleur · Papier · Photographie
Artes gráficas · Color · Papel · Fotografía
Типография · Краски · Бумага · Фотография

Eisenverarbeitende Industrie
Metal working industry
Industrie du fer
Industria del hierro
Металлообработывающая промышленность

Elektrotechnik · Optik
Electrotechnology · Optics
Electrotechnique · Optique
Electrotécnica · Optica
Электротехника и оптика

Energiewirtschaft
Power economy
Energie
Energía
Энергетическое хозяйство

Fahrzeugbau · Gasmotoren
Vehicle construction · Engines
Construction de véhicules · Moteurs
Construcción de vehículos · Motores
Производство транспортных средств

Fertigung
Fabrication
Fabrication
Fabricación
Производство

Funktechnik · Astronomie
Radio engineering · Astronomy
Radiotechnique · Astronomie
Radiotécnica · Astronomía
Радиотехника и астрономия

Gaswirtschaft

Gas economy
Gaz
Gas
Газовое хозяйство

Holzbearbeitung

Wood working
Travail du bois
Trabajo de la madera
Деревообработка

Hüttenwesen · Werkstoffkunde

Metallurgy · Materials research
Métallurgie · Matériaux
Metalurgia · Materiales
Металлургия и материаловедение

Kunststoffe

Plastics
Plastiques
Plásticos
Пластмассы

Luftfahrt · Flugwissenschaft

Aeronautics · Aviation
Aéronautique · Aviation
Aeronáutica · Aviación
Авиация

Luftreinhaltung

Air-cleaning
Purification de l'air
Purificación del aire
Очищение воздуха

Maschinenbau

Machinery
Construction mécanique
Construcción de máquinas
Машиностроительство

Mathematik

Mathematics
Mathématiques
Matemáticas
Математика

Medizin · Pharmakologie

Medicine · Pharmacology
Médecine · Pharmacologie
Medicina · Farmacología
Медицина и фармакология

NE-Metalle

Non-ferrous metal
Metal non ferreux
Metal no ferroso
Цветные металлы

Physik

Physics
Physique
Física
Физика

Rationalisierung

Rationalizing
Rationalisation
Racionalización
Рационализация

Schall · Ultraschall

Sound · Ultrasonics
Son · Ultra-son
Sonido · Ultrasónico
Звук и ультразвук

Schiffahrt

Navigation
Navigation
Navegación
Судоходство

Textilforschung

Textile research
Textiles
Textil
Вопросы текстильной промышленности

Turbinen

Turbines
Turbines
Turbinas
Турбины

Verkehr

Traffic
Trafic
Tráfico
Транспорт

Wirtschaftswissenschaften

Political economy
Economie politique
Ciencias económicas
Экономические науки

Einzelverzeichnis der Sachgruppen bitte anfordern

Westdeutscher Verlag GmbH

– Auslieferung Opladen –
567 Opladen, Postfach 1620

GPSR Compliance
The European Union's (EU) General Product Safety Regulation (GPSR) is a set
of rules that requires consumer products to be safe and our obligations to
ensure this.

If you have any concerns about our products, you can contact us on

ProductSafety@springernature.com

In case Publisher is established outside the EU, the EU authorized
representative is:

Springer Nature Customer Service Center GmbH
Europaplatz 3
69115 Heidelberg, Germany